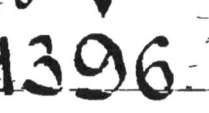

8V
1396

MINES

ET CARRIÈRES

A

M. PROAL

BIBLIOTHÉCAIRE A L'ÉCOLE CENTRALE DES ARTS
ET MANUFACTURES

Entrée de la mine de Dannemora (Suède).

MINES
ET CARRIÈRES

PAR

DELON

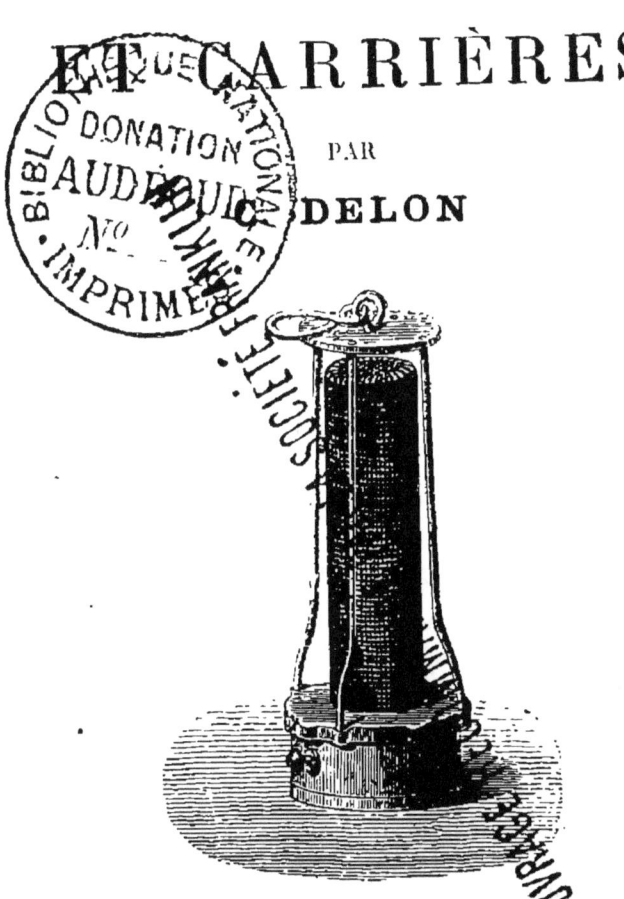

Ouvrage contenant 37 figures

PARIS

LIBRAIRIE HACHETTE ET Cie

79, BOULEVARD SAINT-GERMAIN, 79

—

1877

TABLE

—

PREMIÈRE PARTIE

HISTORIQUE

DEUXIÈME PARTIE

LES CARRIÈRES

TROISIÈME PARTIE

LES MINES

MINES ET CARRIÈRES

PREMIÈRE PARTIE

HISTORIQUE

Introduction.

Ce sol que nous foulons d'un pas distrait, que la
végétation nous dérobe sous son manteau de verdure
et dont l'agriculteur égratigne à peine l'épiderme,
deux hommes vont le fouillant profondément, l'in-
terrogeant d'un œil scrutateur et d'un esprit tendu,
s'efforçant de lire à travers ses entrailles : le *Géologue*,
le *Mineur*. L'un, le savant, entend lui arracher les
secrets de sa structure intime, mettre à nu l'architecture de ses puissantes assises ; et déchiffrant leurs
lignes brisées comme des caractères mystérieux, au-
dacieusement il épelle, mot à mot, lettre à lettre,
l'*Histoire des origines et des révolutions du globe*. Indifférent, ce semble, aux richesses que la terre renferme dans son sein, il regarde du même œil le
simple caillou, la *pépite* précieuse. Ces richesses, le
mineur, lui, veut les ravir. Semblable aux héros des
légendes antiques qui combattaient des dragons effroyables, gardiens des trésors cachés, il entreprend
une lutte acharnée contre les roches rebelles, les
eaux envahissantes, les émanations perfides ; pour
dérober dans les profondeurs la veine métallique

1

luisante il brave les dangers, les frayeurs souterraines qui en défendent les approches. Des milliers
d'années avant qu'il y eût une science qui pût s'in-
tituler *Géologie*, Science de la Terre, le mineur avait
ouvert sa brèche dans le rocher. Mais, réduit à quelques traditions routinières, le pauvre fouilleur allait
à peu près à l'aventure ; il attaquait, à tout hasard,
le *gite* que le hasard lui avait fait découvrir, et pous-
sait son sillon à fleur de terre. Que d'insuccès ! que
de déceptions ! Combien de fois il s'arrêta décou-
ragé, au moment où son pic allait mettre au jour la
plus riche veine ; combien de fois il passa à côté du
filon, tandis qu'il poursuivait à grands frais, à grand
labeur, quelque *faille* stérile ! — Aujourd'hui l'*art des
mines* ne va plus sans la *science géologique*, la pratique sans la théorie. La géologie révèle au mineur la
structure profonde du sol, le mode de formation des
gites métallifères, les lois de leur *allure* ; elle le
guide à la recherche de l'inconnu, lui fait retrouver
le filon égaré ; elle le fait, comme le lynx des fables
antiques, voir à travers le rocher. Le théoricien et le
praticien se résument ici dans l'unique personne de
l'ingénieur moderne, directeur des travaux ; il n'est
pas de mesure à prendre, de problème à résoudre,
que celui-ci ne doive faire à la fois appel à ses connaissances de géologue, à son expérience de mineur.
Toutefois on peut distinguer, lorsqu'il s'agit de l'étude,
le domaine de la théorie de celui de la pratique. La
recherche des gîtes, les problèmes de la poursuite des
filons, en un mot la haute stratégie de l'attaque
appartient surtout à la *science ;* l'organisation des
travaux, la disposition des appareils, les mesures
prises contre les dangers, tout ce qui est combinaison
de moyens pour arriver au but, constitue un *art*.
C'est à ce dernier point de vue que nous nous place-
rons. Si importante que soit pour la pratique même
la connaissance de la structure du sol, de la nature
et du mode de gisement des minerais, si attrayante
que soit cette étude, resserrés dans d'étroites limites

nous sommes obligés d'en faire le plus possible abstraction. Le mode de formation des roches, l'histoire des révolutions que le sol a subies dans les soulèvements des continents et des montagnes, l'origine des gîtes métallifères et les lois de leur allure, les procédés de leur recherche, font la matière d'un ouvrage à part, qui, à bien des égards, devra être considéré comme la préface de celui-ci[1]. Dans ce qui va suivre, c'est de l'EXPLOITATION qu'il s'agira. — Esquissons d'abord une page d'histoire.

Les âges primitifs. Il y a un siècle, d'où datait l'histoire? Que savait l'homme de son passé lointain? Avant *l'histoire écrite*, si récente, héritage exclusif de trois ou quatre peuples plus avancés en civilisation, des traditions vagues, des légendes, des mythologies... et puis au delà, nuit close : la nuit des temps. L'homme pouvait se croire d'hier. Mais voilà qu'explorant le terrain, cherchant toute autre chose, un jour la science moderne découvre, dans un lieu désert, l'entrée éboulée d'une caverne. Là, des ossements épars sur le sol; quatre pierres calcinées, des charbons éteints : la voûte est noircie par la fumée. — Des hommes ont habité ici. On fouille. Sous la croûte durcie par de lentes infiltrations, on rencontre des éclats de pierre taillée, des outils étranges, grossiers, comme ceux des peuplades sauvages les plus dégradées; des ossements encore, des ossements humains mêlés à ceux d'animaux qui n'existent plus sur la face de la terre. Tous ces débris parlent; ils disent une antiquité si lointaine qu'on est effrayé : on n'ose croire. Et comme pour répondre à ce doute, voilà que de toutes parts surgissent de semblables témoins : des cavernes, des lieux de campement par centaines; par centaines de mille les outils d'os ou de pierre, les débris de toute sorte. La terre rend les ossements, ensevelis sous des couches lentement accumulées d'alluvions. On trouve jusqu'à des sculptures grossières,

1. Roches et Minerais.

des dessins sur la pierre et l'os ; et parmi ces dessins en voilà qui représentent ces êtres, vivants alors, aujourd'hui disparus, les animaux d'une époque géologique passée ! Chaque nouvelle découverte fait reculer, reculer encore les dates. Les fouilles se multiplient, les documents s'accumulent ; et déjà la science en les interprétant, ose esquisser d'un trait ferme le tableau de l'industrie rudimentaire, des mœurs féroces, de toute l'existence obscure et misérable de notre vieil ancêtre, le contemporain des espèces perdues, l'*Homme des Cavernes*. Représentez-vous-le sauvage entre les sauvages, demi-nu sous un climat changeant et rude, laid, sale, errant et farouche, l'œil hagard, guettant sa proie derrière un buisson — ou bien, dans l'ombre de son repaire, assis sur la terre nue avec sa femelle et ses petits, déchirant à belles dents la chair saignante, à peine présentée à la flamme ; réduit parfois à briser entre deux pierres, pour en dévorer la moëlle, les os rongés par les hyènes... Ah ! nous en avions rêvé autrement ; mais les témoins sont là, irrécusables, incorruptibles. La nature a été dure pour l'homme. La terre ne lui offrira point des fruits d'or, le ciel ne lui versera point, dans un rayon de lumière, l'intelligence et la beauté. Les génies ailés des légendes orientales ne descendront point sur les nuages enflammés du matin pour l'instruire et lui révéler les secrets de sa destinée ; ni les dieux ne viendront converser avec lui sous des ombrages édéniques. Qu'il se sauve donc lui-même, s'il peut ; que par ses propres efforts il élargisse sa vie et délivre sa pensée. Qu'il souffre, qu'il lutte, qu'il *travaille !*

Mais pour lutter il faut des armes ; pour travailler, il faut des outils. Au pauvre habitant de la noire maison du rocher, il manque l'outil ; il manque, surtout, la *matière première* d'un bon outil. Le métal lui est inconnu. Il a le bois, trop mou ; l'os, trop fragile. Il a surtout la pierre : des éclats de pierre tranchants détachés par le choc d'un bloc de silex. Un de ces éclats, large, plat, aux bords aigus, emmanché d'une branche fendue, voilà la *hache* primitive, instrument grossier et pour ainsi dire universel, arme à la fois et outil; arme pour la chasse et la guerre, outil pour entamer le bois. Cet autre fragment, plus épais, emmanché de même, c'est un *marteau*; en voici un autre plus petit, mince, tranchant au bord : c'est un *couteau* pour dépecer les chairs de l'animal tué à la chasse, un *grattoir* pour gratter les os, pour râcler la peau. Un éclat pointu est un *perçoir*; cet autre, dentelé sur les bords, c'est une *scie*, pour entamer l'os ou la corne. Le travail est digne des outils; le développement intellectuel et moral est au niveau de cette industrie rudimentaire. Allez dans quelque île perdue de l'Océanie, au rivages de la Terre de Feu ou du sud de l'Australie, où l'homme est encore pour l'homme un gibier... et vous verrez là le tableau d'un état social analogue à celui de nos pauvres aïeux. « Cependant, aux prises avec les nécessités matérielles, sous l'aiguillon de la faim, du froid, de la douleur, de la crainte, l'homme trouva dans cette lutte même une occasion de développement forcé et de progrès. Lent progrès! car il faut des siècles et des siècles pour que l'amélioration graduelle de l'état général s'accuse par une transformation du travail et de l'outillage, et qu'au primitif *âge de la pierre éclatée* [1] succède le 2e âge, l'*âge de la pierre polie* [2], quand notre sauvage ancêtre eut inventé d'user et de polir sur le grès le tranchant de sa hache de pierre. Alors aussi il sait se construire une cabane, quelques ustensiles indispensables; il sait pétrir l'argile et en façonner des vases, tordre le chanvre en fil, tresser des rêts pour la pêche et fabriquer des tissus grossiers. Il a réduit en domesticité quelques animaux, essayé les premières cultures sous un ciel devenu plus clément. C'est la seconde étape de l'humanité. » (*Le Cuivre*).

Premier travail d'extraction de la pierre. A ces lointaines époques, la matière *première* des outils princi-

---

1. Période paléolithique. 2. Période néolithique.

paux étant, non pas le métal, mais la pierre dure, la première brèche ouverte par l'homme dans le flanc du rocher fut donc, non pas une *mine*, mais une *carrière*. Dans nos contrées de l'Europe occidentale, les mieux étudiées à cet égard, les plus soigneusement fouillées, en France, en Suisse, en Belgique, la pierre presque exclusivement employée pour les instruments tranchants était le *silex*, la *pierre à fusil* vulgaire. Le silex est extrêmement répandu; on le trouve à l'état de cailloux roulés dans le lit de beaucoup de rivières, sur certaines plages maritimes. Il se rencontre surtout en abondance à l'état de gros *rognons* ou noyaux irrégulièrement arrondis, enclavés dans la masse d'une roche très-tendre, la *craie*, qui forme le sol de très-vastes contrées. Cette circonstance était singulièrement favorable à nos premiers travailleurs, à qui elle facilitait beaucoup l'extraction. Aussi rencontre-t-on, notamment en France et en Belgique, aux lieux où le silex se montrait dans des conditions commodes, les traces nombreuses de ces primitives carrières. Les travaux devaient être d'une extrême simplicité. Au flanc d'un escarpement on attaquait la roche de craie par le choc des marteaux de pierre; on l'ébranlait, on la faisait ébouler en introduisant dans les fissures la pointe de leviers de bois durcis au feu. La roche fendait assez facilement, s'écroulait, entraînant et mettant à nu les durs noyaux de silex. Mais il fallait autant que possible que la pierre fût taillée sur les lieux mêmes; car le silex, qui se fend assez régulièrement par le choc au sortir de la carrière, au bout de quelque temps d'exposition à l'air acquiert une dureté extrême, et devient rebelle à la taille. Auprès de la carrière se formèrent donc tout naturellement des *ateliers* pour la taille du silex : entendez des ateliers sous le ciel... Sur ces *stations* de travail on rencontre par milliers et milliers des éclats ébauchés, des outils rompus, manqués, rejetés : les outils achevés y sont rares; on les emportait à mesure. On y rencontre les noyaux de silex dont les éclats ont été enlevés, les marteaux de pierre qui servaient à les détacher. — Essayez de vous retracer le tableau d'une de ces usines primitives : là, ces pauvres carriers sans pic ni pioche, avec leurs pieux appointis, leurs marteaux de pierre... cela peut s'appeler arracher la roche avec les ongles; ici les tailleurs de silex, accroupis sur le sol, entourés de monceaux de débris. Assujétissant d'une main le bloc dont ils veulent détacher des éclats, de l'autre ils tiennent la pierre arrondie qui leur sert de marteau. Les plus habiles retaillent à petits coups les fragments ébauchés, faisant le tranchant à la hache, les dentelures au racloir. Sans doute, première étape de la division du travail, les ouvriers spécialisés dans cette fabrication faisaient de leurs produits un commerce d'échange; ils fournissaient la peuplade des instruments indispensables, et en retour recevaient des vivres, des vêtements de peau. — A l'époque de la *pierre polie*, les procédés d'extraction dans la carrière, en l'absence du métal, ne pouvaient guère progresser; seulement, au travail de la taille s'adjoignait l'industrie des polisseurs, qui usaient et dressaient sur un bloc de grès les objets que les tailleurs de pierre leur livraient ébauchés.

Quand on songe à cette relation nécessaire qui existe entre le degré de développement industriel chez un peuple et les conditions de l'état social, on voit assez que l'insuffisance de tels outils, ou plutôt la nature imparfaite et rebelle de la matière première de l'outil, eût suffi à entraver tout perfectionnement dans le travail, par suite à enrayer l'*évolution* progressive de l'intelligence humaine. « La force intérieure qui pousse l'ensemble de l'humanité dans les voies d'un progrès indéfini pouvait-elle se briser contre un tel obstacle? Répondons hardiment : non. Mais la condition nécessaire d'un nouveau pas en avant était la conquête d'un instrument de travail plus parfait. » (*Le Fer.*) Les destinées de l'humanité entraient dans une nouvelle phase par la découverte du métal.

L'Age de bronze. — Faisons cette concession aux poètes que l'or ait le premier attiré les regards par son éclat : c'est probable, du reste. Mais le premier *métal usuel* découvert fut le *cuivre.* Trop mou, trop peu résistant, il fut d'un faible secours pour l'antique travailleur, jusqu'à ce qu'on eût inventé de lui donner la dureté qui lui faisait faute en l'alliant avec l'*étain.* Le *bronze* alors fut connu et mérita de donner son nom à toute une longue époque. Nulle plus grande découverte, plus féconde. Le bronze, en effet, est un alliage résistant, tenace, susceptible d'acquérir, avec une grande dureté, un tranchant vif et fin. Beaucoup moins rebelle que le cuivre lui-même à l'action du feu, il se travaille facilement par voie de fusion et de moulage ; il peut être martelé, ciselé. — On le fondait dans des creusets de terre, on le coulait dans des moules de sable, on l'amincissait par le martelage, on lui faisait le tranchant sur le grès, on le polissait avec du sable fin, on le ciselait avec l'angle aigu d'une pierre dure. Pour la première fois l'homme put avoir entre les mains un outil digne de ce nom. — Il le tient enfin, son talisman, son arme dans les luttes du travail. « Par cela seul toutes les conditions de l'existence vont être changées. Le développement général, qui va toujours de pair avec le progrès du travail, va recevoir une impulsion immense. L'*âge de bronze,* en effet, marque la transition de la sauvagerie à un état de barbarie qui déjà de loin tend vers la civilisation. Une grande révolution est accomplie, un pas décisif est franchi. » (*Le Cuivre*). Plus tard encore l'époque historique est près de s'ouvrir avec le quatrième âge, l'*Age de fer,* quand l'homme enfin se fut emparé du précieux, de l'inestimable métal. — Et maintenant si vous demandez en quels lieux de la terre s'accomplirent ces mémorables conquêtes, tournez-vous vers l'Orient, le berceau des sociétés humaines, vers la mystérieuse Asie, la terre des dieux et des héros. A une époque où nos aïeux européens étaient encore plongés dans la nuit de l'âge de pierre, l'aurore d'une civilisation commençante brillait pour les *Aryas* d'Asie. Ces vieux Hindous, possesseurs d'armes et d'outils de fer et d'acier, dont les poèmes, remontant à une antiquité prodigieuse, parlent déjà de coupes d'or ciselées, de bassins de bronze, étaient un rameau de cette noble et féconde race Aryenne, qui vers la fin de l'âge de pierre se répandit sur nos terres occidentales. « Ce fut comme un déluge d'hommes qui s'épancha des hauts plateaux de l'Asie, et graduellement, le flot poussant le flot, submergea pour ainsi dire les anciennes populations. » Avec leurs émigrations, leurs conquêtes, leur influence, la civilisation, marchant dans le sens du soleil, gagna lentement vers le couchant. Elle illumina d'abord la belle et jeune Grèce, puis l'Italie, avant de rayonner vers le Nord et l'extrême Occident. — La Phénicie et l'antique Egypte avaient aussi devancé de bien des siècles les populations européennes.

Dire que le métal est découvert, c'est dire que des mines sont ouvertes. Mais aussi montrer toute la portée de cette conquête de l'instrument de travail par excellence, c'est mettre en lumière le rôle immense du mineur. A ces époques décisives, le travail minier nous apparaît donc comme l'élément essentiel du progrès des sociétés naissantes. L'extension de l'industrie, l'amélioration de la condition physique et sociale, l'évolution des mœurs, le développement même de l'intelligence humaine, « la délivrance de la pensée, qu'opprimait le poids des nécessités matérielles premières », tout se trouve à un moment donné dépendre indirectement de la quantité plus ou moins grande de cuivre ou de fer que l'homme saura arracher du sein de la terre. Evidemment, une somme énorme d'efforts, toute l'activité, toute l'industrie des hommes les plus énergiques dut se dépenser à cette œuvre ; et cela rend compte de la vaste étendue relative de ces anciens travaux. Pourtant quel rude labeur, pour le pauvre mineur de l'âge de bronze surtout, et com-

bien il lui fallut, à cet obscur lutteur, de courage et
d'acharnement héroïque ! Les roches où gisent les
minerais de cuivre sont généralement très-dures.
Sans doute l'ouvrier pouvait déjà s'aider de quelques
coins de bronze, de pics, de masses de bronze peut-
être. Mais le métal était si précieux qu'on l'épargnait
le plus possible ; les mineurs de ce temps se servaient
encore de marteaux de pierre, car quelques-uns de
ces grossiers outils ont été retrouvés en Espagne, en
Italie, en France, dans des excavations datant de
l'âge de bronze. — La percée cheminait lentement,
tortueuse, irrégulière ; elle ne pouvait gagner en profondeur, car bientôt l'envahissement des eaux venait
mettre obstacle au travail. Forcés de se tenir pour
ainsi dire à fleur de sol, les hommes de l'âge de bronze
et de l'âge suivant recherchèrent avec grand soin
et épuisèrent les *affleurements* (parties superficielles)
des gîtes de cuivre, du moins ceux des minerais
qu'ils savaient exploiter : ce qui explique pourquoi,
sur toute la surface des continents jadis habités par
eux, la découverte de ces mêmes sortes de minerais
est aujourd'hui rare et difficile. — Mais lorsqu'enfin
le fer fut connu, toutes ces conditions furent changées : l'outillage, d'abord. Le mineur eut griffes et
dents ; je veux dire des coins de fer, des leviers de
fer, des pics, des pioches, des pelles, — tout l'attirail
enfin du mineur moderne, sauf la poudre. D'autre
part, les minerais de fer sont extrêmement abondants,
se présentent en amas puissants ; un grand nombre
de ces gîtes sont facilement accessibles, ou même tout
à fait superficiels. Sans pouvoir donc gagner beaucoup en profondeur, les exploitations se multipliè-
rent, s'étendirent en surface et prirent de très-vastes
proportions. Beaucoup de ces anciennes mines forment des vides immenses ; et les débris, les *scories*
de la fabrication accumulées aux environs, de véritables collines ; témoignage d'une longue période et
d'une grande activité de travail. — Remarquons enfin
que depuis le fer seulement l'extraction et la taille

de la pierre étant devenues faciles, celle-ci put prendre le grand rôle dans la construction : l'*Architecture* put naître ; à l'âge de bronze on construisait en bois, en argile. C'est donc depuis le fer seulement que les *carrières* aussi prirent toute leur importance.

Travail des mines et des carrières dans l'antiquité historique.

Au moment où l'histoire commence pour les peuples de l'antiquité classique, nous les trouvons déjà depuis longtemps en possession du fer ; les travaux des mines et des carrières sont organisés sur une vaste échelle. Il suffit de prononcer quelqu'un de ces grands noms, qui font apparaître du fond de l'histoire encore demi-fabuleuse les villes-fantômes de Ninive, de Babylone, de Memphis, ou de relever en imagination les palais des Darius et des Xerxès, les palais de Khorsabad qui sortent aujourd'hui de la poussière du désert avec leurs inscriptions, leurs sculptures, leurs colosses ; ou bien de songer aux temples merveilleux de l'antique Egypte, avec leurs majestueux *pylones*, leurs statues colossales, leurs obélisques *monolithes* (d'une seule pierre), leurs avenues de sphinx taillés dans le porphyre et le granit ; avec leurs tombeaux de pierre chargés d'*hiéroglyphes* ; — il suffit, dis-je, de rappeler ces souvenirs pour conclure que l'art d'extraire et de tailler la pierre devait être alors porté à un haut degré de perfection et d'activité. Les mêmes conclusions, sauf certaines restrictions, s'imposent en ce qui concerne les travaux des mines. Quant aux procédés d'attaque, à part la poudre et le secours des machines, ils étaient dès lors ce qu'ils sont aujourd'hui. A défaut de matières explosives, les mineurs de cette époque, comme déjà ceux de l'âge précédent, savaient appeler à leur secours l'action du feu. Contre la paroi du rocher, on allumait un vif brasier de fascines ; par l'effet de la chaleur, la roche se fendillait, se désagrégeait un peu, superficiellement. —

Puis les ouvriers enfonçaient leurs coins, la pointe aiguë de leurs *barres* dans les fissures. Représentez-vous une mine de ce temps comme ayant à peu près l'aspect de certaines mines modernes largement ouvertes et peu profondes (Voyez le frontispice). Les puits petits, peu profonds, le plus souvent remplacés par des *descenderies* s'enfonçant sous le sol en pente raide, d'étroits couloirs tortueux conduisaient à des excavations vastes et irrégulières, où d'énormes massifs, ménagés comme piliers, servaient à soutenir la voûte (méthode par *galeries et piliers*, voir page 40); les transports intérieurs faits à dos d'homme ou sur de petits chariots : voilà les traits essentiels d'un tableau que vous achèverez vous-même, avec beaucoup plus de détails et de couleur locale, quand nous aurons étudié les travaux des mines modernes. Il vous suffira, en effet, de faire abstraction des machines, auxiliaires du mineur contemporain, et de voir quelles conséquences résultent de leur absence. On peut en dire autant relativement aux carrières. Mais dans certains cas celles-ci offraient des difficultés que ne rencontrait pas le mineur : je veux parler de l'extraction des blocs énormes pour les colonnes monolithes, les colosses, les obélisques, tels que la rude Égypte en arrachait aux flancs des montagnes granitiques. Au défaut d'appareils on suppléait par les années, par le nombre : c'était l'ancien système. Telles carrières, tels ateliers de taille et de construction étaient de véritables fourmilières humaines. Ainsi s'accomplissaient ces travaux gigantesques, effrayants, œuvres incompréhensibles pour qui oublierait combien l'antiquité était habituée à prodiguer le temps, les efforts, les sueurs humaines, la vie humaine... — Nous aussi, nous faisons des œuvres de géants; nous perçons les montagnes! mais c'est avec des moyens merveilleux, des machines puissantes et dociles : économes des jours, soucieux des dangers, nous, hommes des temps modernes, pour qui l'individu est quelque chose.

Les civilisations antiques, si brillantes sur une face, avaient un revers affreux. Le luxe grandiose de Rome, sa littérature et ses beaux-esprits, les arts même de la Grèce, l'élégante et spirituelle société Athénienne, tout cela me cache mal le sort du pauvre, de l'esclave, du vaincu. — Ils n'avaient pu se libérer du poids des labeurs matériels qu'en s'en déchargeant sur l'esclave, comme aujourd'hui nous nous en déchargeons sur la machine. Cruellement prodigues de la vie, de la liberté, « le plus cher bien de l'homme, » ils avaient mis toute une moitié de l'espèce en dehors du droit humain, en dehors de la pitié. Ils avaient fait, non-seulement des plus rudes labeurs domestiques ou agricoles, mais de tous les grands ateliers, des carrières, des mines surtout, une sorte de bagne affreux, un enfer pour le criminel, non moins pour le débiteur insolvable, le partisan malheureux, le prisonnier du champ de bataille. Tenez, lisez cette page d'un ancien historien, Diodore de Sicile (125 avant J.-C.), page vingt fois reproduite, et qui mérite de l'être encore, instructive qu'elle est à tous les égards.

« Entre l'Égypte, l'Éthiopie et l'Arabie, dit-il, il est une région riche en métaux, surtout en or, qu'on tire avec bien des travaux et de la dépense : car la roche, dure et noire de sa nature, est sillonnée de veines d'un marbre blanc si dur et si luisant (*quartz*), qu'il surpasse en éclat les matières les plus brillantes. C'est là que ceux qui ont l'intendance des travaux font travailler un grand nombre d'ouvriers. Le roi d'Égypte envoie aux mines, *avec toute leur famille*, ceux qui ont été convaincus de crimes, aussi bien que les prisonniers de guerre, *ceux qui ont encouru son indignation*, ou qui succombent aux accusations *vraies ou fausses...* Par ce moyen, *il tire de leur peine de gros revenus*. Ces malheureux qui sont en grand nombre, sont enchaînés par les pieds, et attachés au travail sans relâche, sans qu'ils puissent s'échapper jamais; car ils sont gardés par des soldats étrangers, et parlant d'autres langues que la leur. Quand la roche qui contient l'or se trouve trop dure, ils l'amollissent d'abord avec le feu; après quoi ils la rompent à grands coups de pics et autres instruments de fer. Ils ont à leur tête un entrepreneur qui connaît les veines de la mine et conduit les travaux. Les plus forts des travailleurs rompent le roc à grands coups de masses, cet ouvrage ne demandant que de la force, des bras, sans art et sans adresse. Mais comme pour suivre les veines qu'on a découvertes il faut souvent se détourner, et qu'ainsi les allées creusées dans ces souterrains sont fort tortueuses, les ouvriers, qui sans cela ne verraient pas clair, portent des lampes attachées sur leur front. Changeant de position suivant les exigences du lieu, ils font tomber à leurs pieds les fragments de roche qu'ils ont abattus. Ils travaillent ainsi *nuit et jour*, forcés par les cris et les coups des gardes. De jeunes enfants entrent dans les ouvertures que les pics ont faites dans le roc, en tirent les fragments de pierre qui s'y trouvent, et qu'ils transportent ensuite jusqu'à l'entrée de la mine. »

Or n'allez pas croire que ce fût là un fait isolé; c'était, au contraire, la pratique universelle et constante des civilisations anciennes, — l'Inde peut-être exceptée. Les Romains n'en agissaient pas autrement avec les vaincus; et cette sombre tradition s'est perpétuée, à travers l'histoire, jusqu'aux temps modernes. C'est par ce procédé que les Espagnols dépeuplèrent l'Amérique. Sous leur joug de fer, les pauvres Indiens jetés dans les mines mouraient par milliers à la peine; on les remplaçait par d'autres. — Cet or maudit n'a pas porté bonheur à l'Espagne. Et de nos jours même l'Europe n'a-t-elle pas vu les derniers défenseurs de la Pologne, coupables, eux aussi, de résistance à la conquête, déportés en masse dans les mines de Sibérie ? Mais reprenons le fil de l'histoire.

Nos pères les Gaulois, les rudes Germains, tout barbares qu'ils étaient, exploitaient les mines par le travail libre : ce dont s'indigne le Romain Tacite : « Ils

n'ont pas honte d'extraire eux-mêmes le fer du sein
de la terre! » Les nations qui ont honte du travail
sont sur la pente de leur décadence. Nos Gaulois, qui
cependant ne manquaient pas de fierté, étaient,
même avant l'invasion des Romains, d'habiles mineurs. Un grand nombre d'exploitations étaient ouvertes dans les Pyrénées. Le pays des Bituriges, le
Berry actuel, riche en minerais de fer *d'alluvion*
presque superficiels, était déjà un centre important
de métallurgie; certaines localités étaient toutes cri-
blées de petits puits et de galeries serpentant à fleur
de sol. Les Bituriges étaient mineurs, et n'en étaient
pas moins guerriers, comme les conquérants eux-
mêmes l'éprouvèrent. César raconte comment, appli-
quant les secrets de leur industrie à l'art de la
guerre, ils poussaient avec une rapidité extrême leurs
cheminements souterrains, surgissant du sol à l'im-
proviste, ou faisant écrouler, en les *minant* en dessous, les ouvrages élevés par les envahisseurs. — Ces
hommes de fer, pourtant, ces mineurs, ces forgerons
aux mains rudes, devaient être vaincus par la tactique
et la discipline romaines.

Évidemment, pendant toute la première moitié du
moyen-âge l'art des carrières et des mines dut lan-
guir; on bâtissait peu et très-mal, on ne forgeait
guère que des armes. Mais vers le xii\e siècle l'architecture prend un puissant essor; au xiii\e elle s'affran-
chit des traditions monastiques, et des libres corpo-
rations créent un art nouveau, dont ni les Grecs ni
les Romains n'avaient entrevu le principe. Dans le
cours d'un siècle surgissent du sol, comme par en-
chantement, les merveilleuses et fantastiques églises
gothiques. L'art d'extraire la pierre comme celui de
la tailler atteint sa limite extrême. De détacher du
bloc, en effet, ces grêles *méneaux* des immenses ver-
rières, ce n'était pas œuvre d'habileté commune; et
de nos jours on trouverait peu de carriers qui en fus-
sent capables. — A l'époque de la Renaissance, si, à
en juger par les descriptions très-détaillées d'Agri-

cola, les procédés du traitement métallurgique des minerais étaient peu en progrès, — et il n'en pouvait être autrement en l'absence des connaissances chimiques — les travaux miniers, au contraire, avaient acquis de notables perfectionnements. Dans le célèbre traité *De re metallica* (*Agricola*, 1657), on trouve à côté du texte des figures de roues hydrauliques mettant en mouvement des appareils d'extraction, des pompes, d'énormes soufflets installés sur les puits pour aspirer l'air vicié et renouveler l'atmosphère des souterrains. (Ces derniers appareils ont-ils bien réellement fonctionné? En pareil cas les anciens employaient de grandes toiles tendues, oscillant au-dessus de l'ouverture des puits comme de gigantesques éventails). Mais ce qui prouve plus que toutes les descriptions possibles, c'est que dès lors les travaux pouvaient atteindre et atteignaient à une grande profondeur; or, comme nous le verrons en avançant dans notre étude, cela seul suppose tout un ensemble d'organisation, des appareils, des moyens mécaniques arrivés à un certain degré de perfectionnement. Dès le XVIᵉ siècle, par exemple, les célèbres mines du Harz possédaient, pour l'écoulement de leurs eaux, trois grandes galeries souterraines, longues de plusieurs milles, sillonnant, à des centaines de mètres de profondeur, le sol de la région métallifère : ouvrages merveilleux pour l'époque, et qui suffisent pour témoigner d'une vaste extension des travaux et de méthodes très-avancées. L'Allemagne dès lors tenait la tête du mouvement; c'était, c'est encore le pays *classique* des mines. Celles du Harz, qui ont atteint la profondeur énorme de 880 mètres (presqu'un kilomètre en verticale!), celles de Freyberg (Saxe), ont été certainement et sont encore peut-être les plus belles mines du monde pour l'organisation et la direction des travaux, les méthodes, les appareils. C'est là que se forma, avec Werner, il y a un siècle (1750) la première grande école minière et géologique. Il y a trente ans, l'Angleterre s'est placée au premier rang pour l'activité et l'étendue des travaux dans ses immenses houillères, et pour ses belles machines des mines de Cornouailles. Aujourd'hui le mouvement s'est généralisé; les houillères de Belgique, celles du Nord de la France, celles du bassin de la Loire peuvent rivaliser avec les plus belles entreprises de l'Allemagne et de l'Angleterre. D'une autre part, l'Ecole Française des Mines a jeté le plus vif éclat, avec ses grandes théories géologiques et les importants travaux pratiques dont elle a pris l'initiative.

Nous voici de retour à l'époque contemporaine. Dans cette rapide excursion à travers siècles nous nous sommes abstenus de tout détail touchant les procédés du travail, ceux-ci devant faire la matière des pages qui suivent; il nous a suffi de tracer la marche générale du progrès, d'esquisser les grandes lignes. Il ne nous reste plus qu'à jeter un coup d'œil sur l'état de l'industrie minière dans les contrées du globe encore étrangères, ou à peu près, au grand mouvement européen. Ce sera chose brève. — Quand, partant des centres rayonnants de pensée et de civilisation, on s'éloigne dans une direction quelconque, c'est comme si on remontait dans le passé. Le même phénomène s'observe, naturellement, en ce qui tient à l'industrie. Quittez seulement l'Europe moyenne, ou ce territoire de l'Union Américaine qui en est comme un morceau détaché : partout vous retrouvez les grossières machines, les méthodes surannées, qui vous reportent à une époque plus ou moins reculée. Faisons, bien entendu, une exception pour d'assez nombreuses exploitations, établies au loin, mais par des ingénieurs européens, dont les machines et le matériel, comme les méthodes, ont été exportés avec le personnel dirigeant lui-même. A cette réserve près, vous trouveriez, par exemple, que le Mexique, le Pérou, le Chili en sont à peu près au xve ou au xvie siècle. La Chine, riche en métaux et qui possède de vastes bassins houillers, vous représentera assez bien, quant aux méthodes d'extraction, la période de

l'Antiquité. Ce sont pourtant de rudes travailleurs,
ces Chinois; mais ici travail ne suffit pas; il faut
science. Or la routine chinoise, l'orgueil chinois
aveugle et têtu, mettront longtemps obstacle à tout
progrès; l'ignorance qui s'admire est incurable. L'Inde
ne semble pas avoir fait un pas en matière de métallurgie et de travaux d'extraction depuis l'*âge de fer*
héroïque. — Vous pourriez rencontrer, soit au Nord
de la grande chaîne asiatique, soit dans l'Amérique
méridionale, soit en Afrique, des populations qui déjà
connaissent le fer, et qui pourtant, relativement à l'extraction et au traitement des minerais, comme à tout
ce qu'il s'y rattache de conséquences, sont à peine au
niveau de l'*âge de bronze*; comme aussi nous pouvons
étudier en certaines îles de l'Océanie, ou dans l'Afrique centrale, vers l'extrême pointe de l'Amérique du
Sud (Patagonie et Terre de Feu), ou sur le petit conti-
nent Australien, des peuplades sauvages, misérables,
d'intelligence obscure, n'ayant pour armes, pour
outils, que le bois et le caillou, et qui sont à tous les
égards les dignes représentants de l'*âge de pierre*. —
Mais il ne faudrait pas croire que ces races arriérées
soient destinées à parcourir régulièrement les lentes
étapes d'un perfectionnement graduel; il est à penser
plutôt que ces organisations imparfaites se sont, depuis des milliers d'années, arrêtées en face d'une
limite qu'elles sont impuissantes à franchir. D'ailleurs
un autre élément doit ici entrer en ligne de compte;
je veux dire la puissance d'extension, l'activité dé-
bordante des races supérieures. Partout gagne le flot
des émigrations européennes; mais bien plus rapidement, irrésistiblement, l'esprit des civilisations européennes, l'*esprit Aryen*, sous mille formes, avance à
la conquête du globe; la pensée *Aryenne* est, forcément, l'éducatrice du monde. — Et alors, quand, une
de ces races inférieures se trouve face à face, en
concurrence avec l'élément civilisateur, c'est pour elle
comme une sommation de la destinée. Il faut de
peux choses l'une : ou que subissant un travail de

transformation au moins extérieure et franchissant
sans intermédiaire une immense distance, elle accepte
nos usages, nos procédés de travail, se laisse façonner
et plus ou moins absorber ; ou bien, si son tempéra-
ment la rend incapable de cette éducation, qu'elle
recule, recule sans cesse, et finisse par disparaître.
C'est une fatalité de la nature, et une loi de l'histoire.

DEUXIÈME PARTIE

LES CARRIÈRES

Disposition générale et organisation des travaux.

Constitution du sol. — La superficie de la planète
que nous habitons nous est seule à peu près connue;
des parties centrales nous ne savons rien positivement,
et nous sommes réduits à cet égard à des probabilités
assez vagues. Cette écorce du globe, cette croûte
solide qui nous porte, et qui peut-être s'étend sur une
mer de feu, n'a elle-même jamais été sondée qu'à
une faible profondeur : les puits de mine les plus
profonds n'ayant encore pénétré que jusqu'à 880 mètres environ : peu de chose, en proportion du diamètre
de l'énorme boule! Mais cette mince couche superficielle, c'est justement ce qu'il nous importait tout
d'abord de connaître, puisqu'elle est accessible à nos
travaux, fournit les matériaux de nos constructions,
et nous garde dans ses fissures les trésors cachés des
gîtes métallifères. L'étude de la structure du sol est,
avons-nous dit, d'une importance extrême pour la direction des entreprises du mineur et même du carrier : mais trop vaste, même lorsqu'elle est réduite aux

seuls principes utilisables dans la pratique, elle ne
saurait trouver place en ces pages : elle fait le sujet
d'un ouvrage à part. — Résumant donc à grands traits
les notions générales que nous avons ailleurs exposées
avec plus de développements, nous nous bornerons
à rappeler les faits essentiels qu'il est indispensable
d'avoir présents à l'esprit pour comprendre l'organisation des travaux d'exploitation.

Les *roches* qui constituent le sol sont de deux
sortes. Les unes sont appelées *roches massives*, parce
qu'elles existent en masses continues, immenses, ou
se rencontrent en blocs informes : telles sont les *granites*, les *porphyres*. C'est de telles roches que sont
constituées les assises inférieures, les fondements de
la *croûte terrestre*. Elles ont été autrefois — il y
a des millions de siècles — à l'état de *fusion*, sous
l'influence d'une effroyable chaleur. Puis, par un
lent refroidissement, elles se sont solidifiées comme
une lave qui se fige. Plus tard cette croûte primitive
solidifiée a été violemment *corrodée*, rongée, sillonnée par les eaux, lorsque les vapeurs qui envelop-
paient le globe brûlant d'un immense et opaque voile
de nuages, se sont précipitées en pluies torrentielles
et presque bouillantes sur sa surface à demi-refroi-
die, et ont formé les *océans*. Ces eaux, chaudes,
tumultueuses, agitées de courants rapides et soulevées en vagues énormes par d'effroyables tempêtes,
ont partout rongé, creusé, raviné le sol primitif
devenu leur lit; arrachant, broyant, roulant les débris,
pulvérisant, dissolvant... jusqu'à ce qu'enfin, le calme
se faisant peu à peu, les eaux refroidies ont laissé
déposer ces fragments qu'elles avaient arrachés, ces
matières qu'elles avaient dissoutes. Les amas de débris, les cailloux, les sables, les limons, déposés au
fond du lit de ces mers, sont souvent restés à cet
état de dissociation, comparables aux décombres
qui s'entassent au pied des édifices en ruine : ils
constituent alors ce qu'on appelle les *roches meubles*.
Mais le plus souvent, au contraire, par l'effet de

la pression, par des substances adhésives qui, se déposant en même temps, empâtèrent leurs parties comme un mortier empâte les grains de sable et les pierres d'un mur, ces matériaux entassés se cimentèrent à nouveau, se durcirent. Ces nouvelles roches consistantes, *formées* par les eaux aux dépens des anciennes, s'entassèrent par *assises superposées*, comme les couches de limon successivement déposées par les eaux troubles au fond d'un étang. Ainsi prirent naissance ces roches dites *roches de dépôt*, reconnaissables à leurs dispositions par *lits*, par couches ou assises. Tels sont les *grès*, formés de grains de sable cimentés, semblables à des mortiers durcis; les *schistes*, différents des grès par une structure feuilletée comme celle de l'ardoise; les *conglomérats* et les *brèches*, formés de plus gros fragments, comparables à du béton.

Cet immense travail géologique accompli par les eaux se continua pendant d'effrayantes périodes de siècles. En examinant leur ordre de superposition, il a été possible de classer les roches suivant leur antiquité *relative* plus ou moins reculée. On distingua ainsi les roches de dépôt *anciennes,* les roches de dépôt *secondaires, tertiaires ;* les roches de formation *moderne* — ou même contemporaine, car ce travail géologique se continue encore sous nos yeux, quoique plus lentement. Puis de nombreuses subdivisions d'*époques* viennent préciser davantage l'*âge relatif* des roches, et la *date comparative* des phénomènes.

Toutefois il ne faudrait pas croire que ces roches de dépôt soient partout restées disposées en couches *horizontales*, telles qu'elles furent formées. A mainte reprise et presque partout la croûte terrestre éprouva des *mouvements*, se fendit, se disloqua. Ici le sol se soulevait ; là il s'affaissait, tantôt lentement, insensiblement, tantôt avec un déchirement violent et d'effroyables secousses. D'immenses surfaces *continentales* sortirent peu à peu des eaux ; d'autres s'y engloutissaient. Les chaînes de montagnes se dressèrent ; par les fissures profondes, des roches en fusion débor-

dèrent comme des flots de lave déversés d'un cratère.
Alors les couches des roches de dépôt se trouvèrent
soulevées, bouleversées de mille façons ; plissées, on-
dulées, craquelées et fissurées en tout sens ; ici inclinées, là redressées presque verticalement. Les épan-
chements immenses de ces matières formèrent, par le
refroidissement, des roches plus ou moins compactes,
appelées *roches éruptives*, plus nouvelles par la date
de leur apparition, mais tout à fait semblables par
leur mode de formation, leur structure massive, non
disposée en assises, leur composition, aux *roches massives* premières. — En même temps, un autre phénomène se produisait. Là où les assises des roches
d'origine aqueuse se trouvèrent en contact avec la
roche brûlante qui faisait éruption, là par exemple
où la lave de granit en fusion perçant la croûte
apparut débordant par les fissures, s'épanchant à travers les couches des roches de dépôt, celles-ci furent
profondément altérées, *transformées ;* elles changè-
rent d'aspect, de texture, de propriétés. Elles furent
cuites, en un mot, à la manière de l'argile qui se
durcit en brique dans le four, à la manière de la
terre sur laquelle s'épancherait la coulée ardente
d'un haut-fourneau. Ces masses minérales déposées
par les eaux, puis retravaillées par le feu, portent
le nom de roches *métamorphiques*, c'est-à-dire *méta-
morphosées*. C'est justement dans ces roches métamorphiques ou dans leurs environs que se rencontrent
les plus nombreux et les plus riches gîtes de minerais.
   Parmi les roches exploitées comme matériaux pour
nos travaux et nos édifices, il faut citer, dans le groupe
des *roches massives*, anciennes de formation, les roches
de *quartz*, les plus dures de toutes, rebelles à la taille,
utilisables surtout pour l'entretien des chaussées de
nos routes ; les *granites*, roches à *grains*, comme
leur nom l'indique, pierres dures, difficiles à travailler,
mais susceptibles de taille et même de poli, très-
durables ; les *porphyres*, très-durs, moins grenus, dont
certaines variétés, susceptibles d'un très-beau poli,

constituent des matériaux de luxe. Parmi les *roches éruptives*, apparues à des époques plus récentes, nous rappellerons seulement les *basaltes*, roches compactes ordinairement et de couleur foncée, enfin les *laves,* plus modernes encore, plus légères, souvent de teintes plus pâles. Ces deux sortes de roches sont usitées pour les constructions et le dallage dans tous les pays dont le sol a été bouleversé par des éruptions volcaniques plus ou moins anciennes; tels les plateaux de la France centrale, l'âpre région des volcans éteints de l'Auvergne. — Les roches de dépôt offrent des matériaux d'une dureté moyenne, et constituent les pierres de construction par excellence. Citons d'abord les *grès*, les *schistes*. Les roches *calcaires* (contenant de la chaux) présentent les degrés les plus divers de dureté et de finesse de grain. En tête de cette magnifique série mettons les *marbres*, qui sont des *roches métamorphiques*, durcies par l'action des feux souterrains. Le marbre blanc pur est surtout destiné à la sculpture ; l'immense variété des marbres colorés, veinés , tachetés, constituent des pierres de construction ou des matériaux de luxe, suivant la beauté plus ou moins appréciée de leurs teintes, leur finesse, le poli dont ils sont susceptibles. Les calcaires grenus, non métamorphiques, dont il existe un nombre considérable de variétés très-diverses d'aspect et de qualité, fournissent des pierres pour la sculpture, des pierres de taille et des *moëllons* grossiers. La *pierre à bâtir* de Paris peut être prise comme un type moyen de cette classe de matériaux. La craie proprement dite, blanche, grise ou verdâtre, est souvent trop tendre pour la construction. Toutes les pierres calcaires, marbres, calcaires grenus ou craie, pourvu qu'elles soient assez pures, peuvent être employées comme *pierre à chaux*; cuites en des fours spéciaux elles fournissent, suivant leur nature, diverses qualités de chaux employées dans la composition des mortiers et des ciments, ou pour les besoins de l'agriculture. Les *marnes* calcaires, tendres, très-mêlées d'argile, sont extraites pour la culture, à titre d'*amendements*. De cette classe de matériaux il faut encore rapprocher le *gypse* ou *pierre à plâtre*, roche très-tendre, qui fournit le plâtre par la cuisson. Enfin les dépôts de galets, sables grossiers, sables fins, argiles, tangues, limons, qui constituent la série des *roches meubles*, sont exploités pour les besoins de nombreuses industries.

Il est rare, sans doute, qu'on ait à faire la recherche directe et méthodique d'une roche donnée comme on fait la recherche d'une couche de houille ou d'un filon métallifère. Depuis un temps immémorial, dans chaque contrée les besoins de la construction ont fait faire des recherches ; des carrières ont été ouvertes de toutes parts, et toutes les pierres exploitables qu'offre la région sont connues des constructeurs et des carriers par des traditions locales qui datent parfois de fort loin. En telle matière une découverte est chose peu commune. Mais le carrier aura souvent à déterminer si telle roche, exploitée dans le voisinage, pourra être rencontrée aussi dans un lieu donné, à quelque distance ; à quelle profondeur on devra atteindre la couche qui s'enfonce obliquement sous les terrains. Ou bien encore il voudra savoir si un banc mis à nu au flanc d'un escarpement doit se retrouver sous le manteau de verdure qui revêt telle butte isolée ou telle ondulation du versant opposé de la vallée : à quelle hauteur il faut le chercher. En ces circonstances l'entrepreneur se trouvera heureux de joindre à l'expérience de l'homme du métier des notions géologiques qui peuvent lui épargner mainte recherche stérile, maint tâtonnement coûteux. Mis alors en face du massif reconnu, il n'a plus qu'à déterminer le plan général de l'attaque, et à concerter les moyens d'exploitation.

Les excavations pratiquées pour l'extraction des roches portent le nom de CARRIÈRES. Cette extraction se fait de deux manières différentes : par *travail à ciel ouvert*, par *exploitation souterraine*. La première méthode, beaucoup plus simple et plus commode, sera toujours suivie de préférence, à moins que les frais d'une trop grande épaisseur de déblais à enlever pour arriver au découvert de la roche, ou la nécessité de respecter la couche superficielle du sol ne conduisent à adopter la seconde.

Exploitation à ciel ouvert. Ouverture d'un chantier. — La disposition générale de l'excavation à ciel ouvert, quelle que soit la nature de la roche extraite, est toujours à peu près la même. Si le *chantier d'extraction* est excavé en terrain plat, il forme une large tranchée, ou *fossé* plus ou moins profond, affectant une forme rectangulaire. Lors au contraire que la roche à exploiter forme un massif en relief au-dessus du sol environnant, ou se montre sur la pente raide d'une colline, la carrière consiste en une simple brèche ouverte aux flancs de l'escarpement. — Dans le premier cas, sur l'un des côtés de l'excavation on ménage ordinairement une rampe en pente douce par laquelle on extraira, à l'aide de brouettes, tombereaux ou wagonnets, les produits de l'abattage. Si l'excavation est profonde, il devient difficile et onéreux de faire remonter les tombereaux ou les *bardeaux* lourdement chargés le long de rampes raides et longues, défoncées de profondes ornières. On extrait alors les pierres, au moyen d'un treuil ou même d'une machine à vapeur, le long d'une paroi verticale de l'excavation, ainsi qu'il se pratique aux belles *ardoisières* d'Angers. Si la carrière est une brèche entamant le flanc d'un escarpement, le service de l'exploitation se simplifie encore. On peut précipiter les blocs sur les pentes, ou les faire descendre sur des rouleaux de bois. J'ai vu des blocs de granit, détachés vers le haut des pans de roches abrupts dominant la rive du fleuve, glisser directement, le long d'un plan incliné en madriers de chêne, jusque dans les chalands amenés pour les recevoir.

Dans tous les cas il convient de donner au chantier la disposition en *gradins*, sur le flanc attaqué. Les avantages de cette disposition sont bien évidents.

Imaginez qu'on maintienne taillée à pic la paroi entamée : sur un certain *front d'attaque* (largeur), on ne
pourrait mettre qu'un seul ouvrier : car si on en
mettait plusieurs l'un au-dessus de l'autre, les débris
détachés par celui d'en haut tomberaient droit sur la
tête de celui d'en bas... En donnant à la paroi exca-
vée la forme d'un énorme escalier, on obtient plusieurs étages d'exploitation, où les travaux peuvent
être poussés simultanément. Sur chaque degré les
ouvriers, chacun pour un front de 2 ou 3 ou 4
mètres, entament la roche, dont les fragments tombent à leurs pieds, et sont retenus par cette sorte de
banquette qui sert en outre à la circulation. On
donne ordinairement à ces gradins de 1 m. 50 à 2
mètres de hauteur — hauteur d'homme ; en largeur,
deux mètres au moins : mieux vaut 3 ou 4 ; enfin ces
gradins se développent horizontalement dans le sens
de la longueur, sur tout le front de la carrière. Pour
certaines roches cette disposition peut être réalisée
avec une régularité très-grande : pour les autres, on
en approchera le plus possible. Enfin nous noterons,
comme point capital de l'organisation d'un chantier,
les dispositions à prendre pour l'écoulement des
eaux de pluie et des eaux d'infiltration, qui tendent
toujours à s'accumuler dans toute dépression, et fini-
raient par arrêter les travaux. Si les eaux sont en
petite quantité, on se contente de les conduire par une
pente convenable, dans la partie la plus déclive de la
carrière ; et de là on peut, au besoin, les épuiser à
l'aide de seaux. Quand elles sont abondantes, il peut
devenir nécessaire de les extraire par des pompes.
En pareil cas, si le relief du terrain le permet, il est
plus avantageux de creuser une *tranchée* ou même
une *galerie* souterraine d'écoulement, dégorgeant les
eaux à niveau inférieur sur la pente des versants.

Conditions de l'abattage. — Au point de vue de
l'abattage les roches sont d'ordinaire classées, suivant
leur résistance, en 5 catégories : 1° les roches meubles
ébouleuses, telles que la terre, les sables et graviers,

Ardoisières d'Angers. — Gradins. Extraction par machines.

qu'on défonce avec la *pioche* et enlève à la *pelle*; 2° les roches tendres, telles que les *argiles*, les *marnes*, la *craie*, le *calcaire grossier*, le *gypse*, la *houille*, que l'on attaque avec le *pic*, et que l'on abat avec des masses, des coins, des leviers ; 3° les roches de dureté moyenne, compactes, assez tenaces, telles que les *marbres*, certains *schistes*, les *grès* ordinaires, pour lesquelles aux moyens précédents on ajoute ordinairement le secours de la poudre ; 4° les roches *dures*, qui font feu au choc de l'outil : la plupart des roches *quartzeuses*, les *granites*, les *porphyres*, les *basaltes*, qui sont toujours abattus à la poudre ; 5° la roche *récalcitrante*, le quartz compacte et non fendillé, qui émousse en un instant le tranchant de l'acier : roc intraitable, à qui on ne s'attaque pas sans nécessité absolue, et contre lequel on fait parfois intervenir, comme nous le dirons plus tard, l'action du feu. — Une autre circonstance encore influe considérablement sur les procédés d'abattage : la destination des pierres extraites. S'agit-il de la *pierre à chaux*, de la *pierre à plâtre*, de la pierre destinée à l'entretien des routes, etc. ? Il suffit que la roche soit brisée en fragments transportables. Mais pour les matériaux de construction, pour les pierres destinées à des usages spéciaux, d'autres conditions sont imposées, et nécessitent des précautions particulières.

Les matériaux de construction proprement dits se divisent en matériaux *irréguliers* et matériaux *réguliers*. Les fragments de pierre de dimension moyenne, grossièrement abattus sur quatre pans, forment ce qu'on appelle le *moëllon*. Certains grès et schistes offrent naturellement des faces parallèles, et constituent des pierres *plateuses*, comme disent les maçons : circonstance favorable à la stabilité des murailles. Les fragments irréguliers de faible dimension peuvent être utilisés pour le *blocage*. Enfin les débris les plus petits trouvent encore leur emploi dans la fabrication des *bétons* et pour l'entretien des routes. Les *matériaux réguliers* comprennent les *pierres d'appareil*, taillées sur cinq des six faces, et disposées en assises; puis les pierres diversement taillées employées dans les parties œuvrées de la construction. Il faut encore assimiler aux matériaux réguliers les pierres plates rectangulaires pour dallage, que fournissent facilement certains schistes; les pierres *tégulaires* (destinées aux couvertures des toits), qui doivent êtres *débitées* en plaques plus minces, et dont le type est l'*ardoise*. — La texture de la roche modifie souvent les conditions de l'abattage. Les roches massives, irrégulièrement fendillées, telles que les granites, les porphyres, se détachent en blocs et fragments informes dont la taille coûte très-cher; mais la disposition en couches des roches sédimentaires facilite l'extraction des matériaux réguliers. Quand l'épaisseur de la couche, entre deux joints horizontaux, correspond à la hauteur d'une assise de construction, ce qui a souvent lieu pour les grès et les calcaires, la pierre est déjà dressée sur deux faces, et pour ainsi dire dégagée à l'avance. Le sens de cette *stratification* est ce que les ouvriers appellent le *lit de carrière*; pour offrir la résistance la plus grande et les meilleures conditions d'emploi, les pierres doivent être posées *suivant le lit*, c'est-à-dire occuper dans la bâtisse une position semblable à celle qu'elles avaient dans les couches terrestres lors de leur formation. Si pour quelque raison spéciale une pierre est placée autrement, on dit qu'elle est posée en *délit*.

Procédés d'abattage. L'abattage en masse des roches tendres ou de moyenne tenacité se fait de la façon la plus simple, en introduisant des coins ou des leviers dans les joints naturels ou les fentes de la pierre, ou dans des entailles pratiquées à l'avance avec le *pic*. Veut-on enlever des blocs d'une forme donnée plus ou moins régulière et d'assez forte dimension, on doit d'abord dégager le bloc sur quatre faces, en avant, en dessus et des deux côtés : puis on fait au-dessous une entaille qui porte le nom de *havage* ou *souchèvement*. Si l'entaille doit être profonde, on soutient la roche en dessous avec de forts étais de bois, afin d'éviter qu'elle ne se brise par son propre poids, en écrasant peut-être le *haveur*. Le *souchèvement* poussé assez avant, on pratique du côté où le bloc tient encore au massif une entaille qu'on appelle la *trace*, le long de laquelle on creuse en outre, s'il est nécessaire, des trous de distance en distance. En enfonçant à coup de masse des coins de fer dans l'entaille, sur toute la longueur de la trace en même temps, on détermine une fente qui détache la roche.

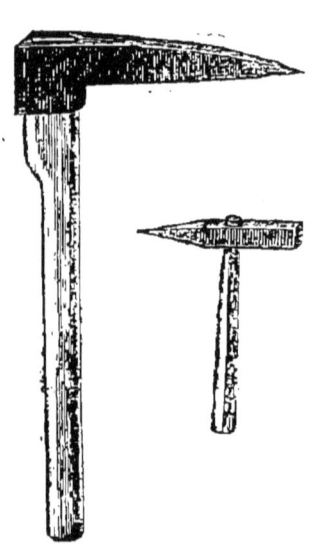

Pic et pointerolle.

Souvent aussi on use d'un procédé ingénieux, qui consiste à enfoncer, dans les joints, dans la trace, des coins de bois de chêne séchés au four, qu'on arrose ensuite largement. Le bois se mouille, se gonfle, et d'un effort énorme fait fendre et soulève la roche. Telle est la *méthode à la trace*, employée pour détacher les lourdes pierres calcaires dont on construit la plupart de nos édifices modernes; les blocs de marbre statuaire dans les belles carrières de Carrare ou des Pyrénées, les meules, etc. Pour pratiquer les entailles dans la roche dure, on emploie un petit *burin* ou ciseau d'acier emmanché comme un marteau, terminé en pointe aiguë d'un côté, de l'autre par une tête plate qui reçoit les coups réitérés d'une *masse à main*, et qu'on appelle *pointerolle*. Sous l'effort des chocs, la pointe de l'outil égrène, creuse peu à peu la pierre. Mais le travail est lent; et la pointe étant bientôt émoussée, il faut avoir plusieurs outils de rechange.

C'est à ces procédés que les anciens en étaient réduits pour extraire les énormes pierres d'appareil employées dans leurs monuments. — Nous, contre la force de résistance passive qu'oppose le roc, nous savons appeler à notre secours la redoutable violence des forces chimiques comprimées dans la *poudre*, et soudainement déchaînées par le feu.

Coups de mine. Dès que la ténacité de la roche dépasse une certaine limite, on a recours à la poudre. On pratique ce qu'on appelle des *coups de mine*. La poudre de mine est à gros grains ronds, comparables à ceux du plomb de chasse. On fait entrer dans sa composition les proportions de salpêtre, de soufre et de charbon qui produisent l'explosion la plus soudaine et la plus *brisante* (75 0/0 de salpêtre, 12,50 0/0 de soufre, 12,50 0/0 de charbon). La poudre remplissant une cavité close, l'inflammation dégage une quantité énorme de *gaz*, que la chaleur produite par la combustion dilate violemment. Sous la pression extrême et soudaine, toute roche, quelle que soit sa dureté, se fend, éclate, se divise en blocs ou en fragments. Dans les carrières comme dans les mines, on *place*, suivant les cas, de petits ou de grands *coups de mine*, ou des *fourneaux*. — Pour placer un petit coup de mine un seul homme suffit. Le mineur pratique dans la roche un trou cylindrique de 2 1/2 à 3 centimètres de diamètre environ, en attaquant la roche à l'aide d'un outil appelé *fleuret*. C'est une tige de fer terminée par un biseau d'acier un peu élargi. Tenant de la main gauche son outil, le biseau engagé dans le trou commencé, de la main droite il frappe sur la *tête* du fleuret des coups répétés d'une petite masse à manche court pesant 2 kil. environ. Par le choc transmis au fleuret le biseau entame la roche, qui *s'égrène* sous le tranchant. A chaque coup le mineur fait tourner son fleuret d'une certaine quantité, en sorte que le trou se creuse cylindrique, et que le biseau ne vienne pas à se *coincer* dans une entaille étroite. On verse de l'eau dans le trou, afin que le choc n'échauffe pas l'outil et n'en *détrempe* pas le taillant. Lorsque les parcelles broyées forment avec cette eau une boue trop épaisse qui gêne la manœuvre, à l'aide d'une petite tige de fer recourbée en cuiller à une extrémité, qu'on nomme la *curette*, le perceur extrait le sable et dégage le mouvement de l'outil. — Les petits coups de mine percés par un seul homme atteignent, suivant l'effet à produire, une profondeur de 25 à 50 cent. Pour détacher des blocs plus considérables, on pratique les grands coups de mine qui se *forent* à deux et à trois hommes. L'un tient et dirige, fait tourner le fleuret; l'autre, ou les deux autres alternativement assènent sur la tête de l'outil des coups de leurs lourdes masses à longs manches (de 4 à 6 kil.). Le fleuret a des dimensions et un poids proportionnés; la largeur du trou est d'environ 3 cent. 1/2 ou 4 cent.; on pousse de 60 cent. à 1 mètre en profondeur. — Parfois on substitue au choc des masses l'action d'une lourde *barre à mine*, semblable à un fleuret mais beaucoup plus massive,

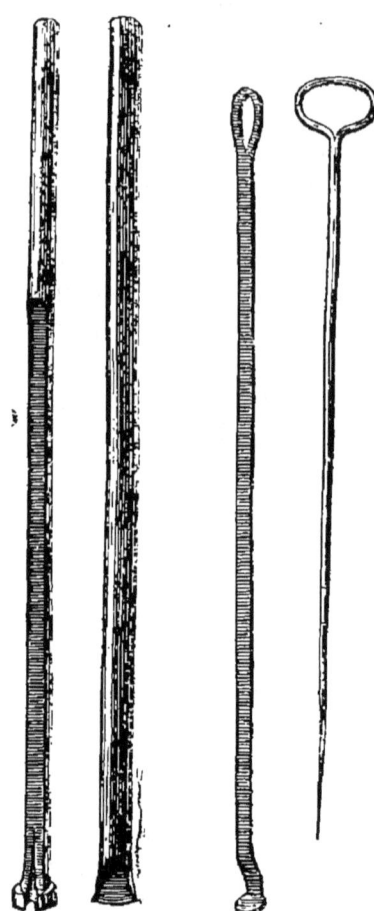

Bourroir, fleuret, curette et épinglette.

qu'on soulève et laisse retomber alternativement.

Le trou de mine pratiqué, nettoyé avec la *curette*, séché à l'aide d'un chiffon passé dans la boucle du même instrument, on charge la mine. L'ouvrier choisit une *cartouche* préparée à l'avance et de dimension convenable; pour les petits trous elle contiendra de 50 à 100 ou 150 gr.; pour les grands, 200, 300, 500 gr,, parfois même davantage. Il y enfonce, dans le sens de la longueur, une broche de cuivre rouge aiguë, recourbée en anneau à l'extrémité opposée : c'est l'*épinglette*. Ainsi *fichée,* il conduit la cartouche au fond du trou. Puis sans retirer l'épinglette, il introduit dans le trou de mine de la *bourre,* qu'il

Forage d'un coup de mine à deux hommes.

chasse et tasse avec un *bourroir*. Cet instrument, qui devrait toujours être en cuivre rouge, est muni d'une *cannelure* pour laisser la place à l'épinglette, tandis que l'on foule la bourre à l'entour. La bourre de mineur, c'est tout simplement des menus fragments de roche tendre, qui s'écrasent, se tassent, obstruent le trou. On comprend qu'en retirant l'épinglette il demeurera, au milieu de la bourre, à la place qu'elle occupait, un vide se prolongeant jusqu'au sein de la cartouche. Le mineur verse de la poudre dans ce trou, amorce à l'aide d'une mèche soufrée pouvant durer quelques instants. — Mais ce procédé primitif qui peut offrir des dangers est de plus en plus abandonné. En effet, la roche dure peut étinceler au frôlement du bourroir; il y a surtout un moment de danger, c'est quand on retire l'épinglette. Si celle-ci est de fer et qu'on la retire trop vivement, si elle froisse quelque fragment de roche dure et détache une étincelle, il est presque inévitable que cette parcelle embrasée tombe dans le trou, allume la poudre... Voilà pourquoi l'épinglette doit toujours être en cuivre rouge, métal mou, qui ne tire pas le feu de la pierre; encore faut-il la bien graisser, et la retirer avec lenteur. — Puis, au moment de mettre le feu à la mèche soufrée, il peut arriver que quelques grains de poudre, laissés sur la pierre, fassent traînée et communiquent instantanément le feu, avant que le mineur ait eu le temps de s'écarter. Toutes ces chances d'accident sont évitées par le procédé moderne de la *fusée de sûreté*. Celle-ci consiste en une sorte de fusée d'artificier : un petit canal rempli de poudre au milieu d'une cordelette *goudronnée*, imperméable à l'humidité. Cette mèche pénètre dans la cartouche à laquelle elle est liée; elle monte par le trou de mine qu'elle doit dépasser d'un décimètre environ. On bourre avec de l'argile et un bourroir de cuivre, ou mieux encore de bois, et doucement, pour ne pas rompre la mèche. Cette sorte de fusée brûle avec une certaine lenteur, et pour une longueur donnée, dure un temps que l'on peut calculer exactement. Chose importante : car le plus grand nombre des accidents arrivés à la suite de coups de mine sont dus justement au retard de l'explosion. — Par suite d'humidité communiquée à la poudre ou par toute autre cause, la traînée ou la fusée brûle mal, un retard se produit; les ouvriers, qui s'étaient écartés, au bout de quelques instants commencent à se dire que le coup tarde. « La mine est manquée. — Le coup ne partira pas. — La fusée est éteinte... » — Elle ne l'est pas, pourtant; elle

brûle sourdement, traîtreusement, sans sifflement,
sans fumée. On perd patience, on revient voir ce qu'il
y avait, ou, simplement, reprendre les travaux. — Le
coup part, la roche vole en éclats. Les malheureux
ouvriers sont atteints, les membres broyés par les
blocs éboulés, les chairs entamées par les éclats tranchants, le visage défiguré par d'affreuses brûlures, les
yeux…Imprudents! on le leur avait dit, pourtant! Mais
l'habitude familiarise avec le danger et fait négliger
les précautions. Quand un coup manque, *il faut
absolument demeurer à l'écart, pendant un temps très-
considérable*, afin qu'il soit bien sûr que la mèche
est éteinte en réalité. Qu'est-ce qu'une perte de
temps en présence d'affreux accidents possibles, trop
communs! Une bonne pratique est celle de certaines carrières où les coups de mine préparés sont
tous enflammés à la fois, au moment où les ouvriers
quittent le chantier, soit à la tombée du soir, soit
pour le repas du milieu du jour. — En introduisant la
cartouche dans un tube de fer-blanc pourvu d'un fond
soudé, *doublant* pour ainsi dire d'une cloison métallique étanche le trou sur toute sa longueur et se prolongeant au dehors autant qu'il est nécessaire, on
peut tirer un coup de mine *sous l'eau*; chose fréquente dans le creusement des puits.

Le meilleur coup est celui qui ne produit qu'un
bruit sourd et mat; celui-là fend la roche sur une
grande étendue, sans faire voler beaucoup d'éclats.
Une charge mal placée ou mal bourrée éclate à grand
fracas, projette au loin beaucoup de fragments, et
fait peu d'effet sur la roche; parfois même elle part
« en coup de fusil » crachant au loin sa bourre comme
une mitraille. — Presque toujours les ouvriers mettent *trop de poudre en proportion de la profondeur du
trou* : de là les fragments lancés au loin qui causent
parfois de si graves accidents, malgré les fascines
entassées, les planches, la terre qu'on accumule souvent sur le coup de mine.

Depuis quelques années on emploie beaucoup, au

lieu de poudre, dans les travaux des mines et des carrières, une substance explosive nouvelle, devenue célèbre lors de la dernière guerre : la *dynamite*. Cette matière est essentiellement constituée d'un composé chimique détonant, extrêmement violent et dangereux, la *nitroglycérine*. On en imbibe une terre pulvérulente, poreuse, qui l'absorbe et la retient : l'ensemble forme une sorte de pâte grasse, finement grenue, de couleur brun rouge. Par ce mélange la matière, sans perdre sa *puissance* d'explosion, perd sa *sensibilité* excessive, la facilité extrême d'inflammation qui la rendait dangereuse. Une cartouche de dynamite, enflammée avec une allumette, brûle sans détonation, comme une fusée. Pour qu'elle éclate, il faut que l'inflammation lui soit communiquée d'une manière soudaine et avec choc, par l'explosion d'une capsule ou d'un petit pétard, par exemple : mais alors, c'est avec une violence extrême. La dynamite se vend en petites cartouches fermées, ressemblant à des rouleaux de pièces de monnaie. Pour charger un trou de mine on met au fond une ou plusieurs cartouches semblables simplement superposées ; on les foule légèrement avec un bourroir de bois. Une dernière cartouche dite *amorce*, contenant une *capsule fulminante* et communiquant à une longue mèche de sûreté, est posée sur la charge : on achève de remplir le trou de terre, en bourrant très-légèrement ; ou bien on y verse simplement du sable, ou même de l'eau : cela suffit. On met le feu à la mèche, la capsule éclate et fait détoner la dynamite ; le coup retentit, et par les fissures de la roche disloquée on voit s'élever des vapeurs rougeâtres, âcres et irritantes, qu'il faut éviter de respirer. Plus commode et moins dangereuse pour le mineur, plus puissante et moins coûteuse, la dynamite paraît destinée à remplacer la poudre de mine dans ses diverses applications, militaires et industrielles.

Position des coups de mine. — Le forage et le tirage des coups de mine est une opération très-simple ;

mais leur disposition demande une certaine sagacité, ou une longue expérience. Généralement on doit les placer de telle sorte que les blocs fendus soient *rabattus*, et qu'on ait leur propre poids pour auxiliaire, non pour obstacle. Quand on veut rabattre un pan de roche dure et non fissurée, il est nécessaire d'affaiblir sa base en pratiquant à la *pointerolle* une entaille horizontale. Au-dessus de cette rigole, le mineur perce un ou plusieurs trous de mine obliques. Si on a affaire à une roche plus traitable, on entame un profond *havage* sous le bloc, que l'on soutient par des étais de bois fortement assujettis avec des coins : pendant ce temps, d'autres ouvriers placent un ou plusieurs coups de mine horizontaux à une certaine hauteur au-dessus du havage. Les étais sont enlevés, et l'explosion détache tout le bloc compris entre les coups de mine et le havage. D'adroits ouvriers parviennent à conduire ainsi une fente profonde à travers le rocher, de manière à détacher un *monolithe* sans le briser, en disposant le long d'une trace légère une série de petits coups de mine qui doivent tous prendre feu en même temps.

Fourneaux de mine. Les grands travaux auxquels notre époque procède avec une hardiesse si remarquable ont introduit dans l'art des mines et carrières l'usage des *fourneaux de mine* à forte charge, jusque-là réservés aux œuvres destructives de la guerre. Pour faire sauter des rochers qui encombrent le lit des fleuves ou les passes navigables, pour produire de vastes excavations, ou même tout simplement pour préparer l'exploitation en détail des roches en les fracturant dans leurs masses, on fait éclater d'énormes fourneaux de mine, contenant des quintaux de poudre, ou de *dynamite*. De longues galeries sont poussées dans les entrailles du rocher, aboutissant après plusieurs angles brisés à des cavités élargies qu'on nomme *chambres*. Là se dépose dans des réservoirs de métal ou dans des sacs de tissus imperméables à l'humidité, la matière explosible, qui contient à l'état de sommeil tant de forces violentes et terribles. On mure les chambres, on remblaie les galeries jusqu'à la voûte sur une grande longueur... ceci est la bourre du trou de mine gigantesque. Mais quels sont donc ces deux longs fils qui partant du sein des chambres serpentent le long des galeries, noyés dans les remblais, et se prolongent à l'extérieur ? — Dans l'art de la guerre moderne il y a de ces choses effrayantes : deux petits fils qui se glissent côte à côte, rampent sous terre, cachés. Cela n'a l'air de rien ; cela dort. Vous marchez dessus peut-être. Et à un moment donné, à l'heure voulue, au signal d'un éclair, voilà que ces petits fils vont porter au loin, avec une étincelle, la destruction, le désastre, la mort... Nous autres nous ne cachons pas nos *conducteurs*; mais je ne puis décrire ici ni les précautions nécessaires pour *isoler* les fils et forcer l'électricité à les suivre sans dévier; ni la *fusée d'explosion* qui s'y rattache, ni l'appareil électrique qui met en jeu cette force mystérieuse, et l'envoie agir au loin. Il faut nous contenter de dire qu'en définitive, au moyen d'un *courant électrique* lancé par cette machine et circulant comme par les fils de nos télégraphes, on produit à l'autre extrémité de ces *conducteurs* une *étincelle électrique* — un éclair en miniature, — qui enflamme une matière fulminante et communique le feu aux poudres. — Aux travaux du fort de Cherbourg en 1865, il s'agissait de creuser un port tout entier dans le roc vif granitique. — On fit usage de ces mines gigantesques. On vit 6 fourneaux, chargés de plus de 1,000 k. de poudre éclater à la fois, détachant et disloquant 50 000 mètres cubes de roche. Cela se regarde de loin. — Vous vous imaginez l'explosion terrible, la détonation formidable, la colonne de feu, les blocs de rochers lancés contre le ciel... Eh bien, pas du tout. Au coup de doigt qui fait jaillir l'étincelle, une secousse fait osciller le sol sous vos pieds comme la vibration d'un tremblement de terre. Un brui profond, sourd, semblable à un tonnerre souterrain, puis le grondement des roches qui se fendent, de légères fumées bleues ou des vapeurs rougeâtres — suivant qu'on a employé la poudre ou la dynamite, s'élevant du sol légèrement soulevé en forme d'ampoule : c'est tout. Le travail de fracture a dû, si tout a été bien calculé, absorber la presque totalité de la *force* mise en activité; il n'en reste presque plus pour se produire au dehors par des phénomènes violents. Rappelez-vous ce que nous avons dit des simples coups de mine : moins ils font de bruit, plus ils font d'effet. Ici c'est la même chose, proportion gardée. S'il y avait eu détonation à grand fracas, roche broyée, blocs lancés vers le ciel, comme en une éruption — c'est que la mine eût manqué; son effet utile eût été nul. — Depuis quelques années on a employé, dans plusieurs carrières, mais sur une échelle plus restreinte, de moyens *fourneaux* de mine pour fendre les roches, et fournir les gros blocs destinés à des travaux d'*enrochement*. Les gros fragments isolés par les fissures produites sont ensuite *détaillés* à la grosseur convenable par les moyens ordinaires, avec beaucoup plus de facilité et d'économie que si on eût directement taillé en plein roc.

Exploitation souterraine. — Les carrières souterraines permettent de suivre une couche de roche avantageuse à une grande profondeur, sans avoir à déblayer le cube énorme de matériaux stériles qu'il faudrait enlever pour mettre la roche à nu ; elles respectent le sol superficiel et ses constructions. En compensation, le travail y est moins facile et plus dispendieux. La couche à exploiter est ordinairement attaquée sur le flanc d'un escarpement où sa tranche se montre à découvert. — Les vides produits par l'enlèvement des matériaux ne peuvent pas s'étendre indéfiniment en largeur, sans que le *ciel*, la voûte de la carrière, s'écroule. Il faut donc laisser de distance en distance de puissants piliers qui supportent le sol supérieur. La largeur des vides que l'on peut excaver, les dimensions des piliers qu'il faut réserver varient évidemment suivant la consistance de la roche. Quand la couche est très-épaisse, les excavations peuvent s'étendre dans le sens de la hauteur; on termine la partie supérieure en voûte, forme qui soutient mieux le sol situé au-dessus. Les souterrains alors offrent l'aspect de vastes cavernes aux grandes arcades haut voûtées. Quand la couche est peu *puissante*, les cavités sont plus étroites et n'offrent que la hauteur du *banc* exploité, — dans tous les cas hauteur d'homme, au moins. Ces vides, limités en largeur, et que l'on poursuit indéfiniment dans le sens de la longueur, prennent donc naturellement la forme des *galeries*.

On perce ordinairement deux systèmes de galeries qui se croisent, laissant entre elles les piliers massifs nécessaires au soutènement de la voûte : cette disposition est la plus favorable, celle qui dégage le mieux les travaux ; chose à laquelle il faut tendre, car dans l'exploitation souterraine on se sent presque toujours gêné par le manque d'espace. De là le nom de méthode par *galeries et piliers*, donné à cette manière de procéder. — Cette méthode enlève environ la moitié de la couche, et laisse en place l'autre moitié, sous forme de piliers : nécessité à laquelle on se résigne d'autant plus facilement que la couche de roche est pour ainsi dire indéfinie comparativement aux besoins, et qu'on peut toujours pousser en avant. — Comme on choisit les blocs les plus beaux, et qu'on s'arrange autant que possible pour laisser en piliers la moins bonne pierre, il suit que les galeries forment ordinairement un réseau assez irrégulier, qui finit par devenir un véritable dédale.

Cependant, comme à mesure que les galeries s'allongent le « transport au jour » (jusqu'à leur ouverture) des blocs extraits devient de plus en plus incommode et coûteux, lorsque les excavations ont pénétré un peu loin sous le sol, on perce de distance en distance des *puits*, qui de la surface du sol aboutissent à la voûte des galeries, et par où l'on fait l'extraction des blocs détachés. On enlève ces blocs à l'aide de machines très-communes et toutes primitives : une simple *chèvre*, un *treuil* à engrenage à deux hommes; souvent aussi, on emploie encore l'antique appareil, appelé la *roue des carriers*. C'est une grande roue de bois verticale, pourvue à sa circonférence de chevilles qui font saillie des deux côtés. Un gros cylindre de bois fait corps avec la roue, et lui sert d'essieu. Pour mettre en action la machine, un ou deux hommes, quelquefois quatre, montent à l'échelle sur les chevilles de la roue, absolument comme les écureuils captifs grimpent aux petits barreaux de leurs cages tournantes. Le poids du corps de ces hommes entraîne la roue et fait tourner le cylindre de bois où s'enroule lentement le câble auquel est suspendu le bloc à extraire.

L'attaque dans les carrières souterraines, le dégagement des blocs se font absolument comme au jour : seulement on fait les coups de mine plus petits, dans la crainte que l'ébranlement ne produise des éboulements au ciel des galeries. Quand les eaux d'infiltration sont abondantes, et ne trouvent pas à s'en aller comme elles sont venues, c'est-à-dire à travers les fissures des roches, on a soin de *tracer* les galeries un peu en montant à partir de l'ouverture. Si par suite de l'inclinaison de la couche que l'on poursuit cette direction était impraticable, il deviendrait nécessaire de creuser, à partir du point le plus bas, une galerie d'écoulement inclinant vers le dehors; ou bien il faudra installer des pompes sur un des puits, comme dans une mine : chose que l'on évite autant que possible à cause de la dépense.

Carrières remarquables. — Parmi les carrières célèbres nous devons nous contenter de citer, pour exemples d'exploitation souterraine, les vastes excavations qui, transformées en lieux de sépulture, sont devenues les *catacombes* de Rome; les *cryptes* légendaires de Maëstricht, les *catacombes* de Paris qui s'étendent, immenses, sous les quartiers de la rive

gauche. Tout cela est maintenant du domaine de
l'histoire. — Autrefois, quand les communications
étaient difficiles, coûteuses, entravées de mille manières, chaque ville devait tirer les matériaux de ses
édifices des entrailles mêmes du sol qui les portait :
de là sous chaque grande ville, ou à ses portes, ces
excavations profondément fouillées, qui minaient en
dessous le terrain. Aujourd'hui, grâce aux canaux,
aux chemins de fer, les transports étant devenus
faciles et peu coûteux, on a tout avantage à aller
chercher un peu plus loin des matériaux exploitables
à ciel ouvert, en des conditions plus favorables et
plus économiques. La plupart de ces carrières souterraines ont été abandonnées. — Des exploitations
modernes à découvert nous citerons seulement,
comme remarquables par l'étendue des travaux, les
belles ardoisières d'Angers, ouvertes dès l'antiquité ;
celles des Ardennes ; les carrières de marbre des
Pyrénées. Les carrières historiques de *Paros* (Ar-
chipel), qui fournissaient leurs marbres aux statuaires
grecs, sont abandonnées ; mais celles de Carrare
(Toscane), non moins célèbres, où Michel Ange et les
sculpteurs des derniers siècles prenaient leurs blocs,
sont encore en exploitation, quoique la variété précieuse du *marbre statuaire* y soit presque épuisée.
Les chantiers rivaux de *Saravezza* sont ouverts depuis
une époque plus récente. Ce sont de véritables montagnes de marbre, entamées aux flancs par de larges
brèches : leurs masses puissantes, presque sans fissures,
produisent des blocs magnifiques. On dégage le bloc
par souchèvement, on le détache par une série de
coups de mine. Les énormes rochers arrachés aux
escarpements de la montagne sont précipités dans le
vide. Ils tombent, roulant avec un fracas terrible, parfois se brisent en plusieurs morceaux. Souvent les
blocs les plus purs destinés à la statuaire sont descendus avec précaution sur un plan incliné de bois
jusqu'au pied de l'escarpement ; de là, chargés sur
de lourds traîneaux, ou des chariots à roues pleines

attelés de bœufs, ils descendent lentement les chemins tortueux de la vallée, et sont emmenés à la plage où on les embarque pour les transporter au loin.

TROISIÈME PARTIE

LES MINES

Disposition générale des travaux.

Gisement des minerais. — Nous avons développé ailleurs (*Roches et Minerais*) ce qui tient à l'origine, au mode de formation, à la situation et à la structure des divers gisements ; nous devons donc encore nous limiter à résumer, sous la forme la plus brève, les quelques données absolument indispensables à l'intelligence des *travaux de l'exploitation*, dont l'exposé fait la matière de ce volume. Les conditions dans lesquelles se rencontrent les minerais et matières exploitables diverses dépendent évidemment de la constitution même du sol qui les renferme et des accidents que ce sol a subis. La situation du minerai constitue le *gisement*, le lieu même où il est accumulé est le *gîte* : mots que le langage courant confond volontiers. Quand ces matières se rencontrent à la surface du sol, circonstance assez rare, on a ce qu'on appelle un *gîte à découvert*. Beaucoup plus communément les minerais gisent plus ou moins profondément enclavés au sein des roches. Sont-ils disposés en forme de *lits*, de *couches* plus ou moins épaisses, entre les assises superposées des *roches de dépôt?* ces couches, nécessairement, auront suivi tous les mouvements du sol; elles se trouveront tantôt horizontales et régulièrement étendues, tantôt inclinées, *plon-*

géantes comme disent les mineurs, contournées, plissées, fracturées, dénivelées et interrompues, comme les couches de la roche elle-même. C'est sous cette forme de couches que se montrent ordinairement la houille, certains minerais de fer. Imaginez que par suite de quelque mouvement du sol les roches se soient fendues, et que la fente se soit remplie après coup de matières différentes de celles qui constituent la roche : vous avez un *filon*. C'est un filon métallifère, si la matière de remplissage contient des minerais. Telle est la forme la plus commune des gîtes métallifères : ainsi se rencontrent le plus souvent le cuivre, le plomb, l'argent. La pente plus ou moins rapide de la fissure du filon qui *plonge* vers les profondeurs est ce qu'on appelle l'*inclinaison* du gîte : le sens dans lequel se marquerait la trace horizontale de la fente, si elle apparaissait à découvert, constitue sa *direction*. Des deux parois de roche ou *épontes* qui l'enserrent, celle qui surplombe obliquement est le *toit* : l'autre est dite le *mur* ou le *sol*. L'épaisseur du gîte, la distance mesurée entre toit et mur, est ce qu'on appelle la *puissance* d'une couche ou d'un *filon*. — Quand une *roche éruptive* est apparue, bouleversant les assises des *roches de dépôt*, souvent des vides formés entre les deux se sont comblés de minerais : ces sortes de filons, plus irréguliers que les *filons-fentes* ordinaires, sont appelés *filons de contact*. Enfin, quand la matière métallifère elle-même a pénétré en fusion, comme une lave, dans la fente, dans la déchirure ouverte, on a un *filon éruptif*. D'étroits filons portent le nom de *veines* ; et quand la roche est tellement pénétrée de petites veines entre-croisées qu'il est nécessaire de l'abattre elle-même pour dégager le minerai, le gîte prend le nom allemand de *stockwerk* (travail en bloc). — Une masse irrégulière remplissant une cavité au sein des roches, et qui n'est ni *couche* ni *filon*, garde ordinairement le nom général d'*amas* ; et la cavité elle-même se nomme *sac*, *poche*. Souvent le gîte qui se prolonge plus ou moins profondément apparaît en certains endroits à fleur de sol ; ces traces révélatrices sont ce qu'on appelle les *affleurements* du gîte. — Il est rare que le minerai seul remplisse la cavité, sac ou fente, qui le renferme ; cela ne se rencontre guère que pour la *houille*, le *sel gemme*, certains *minerais de fer* en masse. Partout ailleurs le minerai est associé à des matières stériles, pierreuses, plus ou moins dures, qui portent le nom de *gangue*. La gangue même ordinairement comble la plus grande partie du filon ; le minerai est répandu dans sa masse en *veines* rubannées, ou en fragments, en *rognons* arrondis, en *noyaux*, en *croûtes*, en *sables* plus ou moins riches. Le pic du mineur abat à la fois la gangue vile et le minerai précieux que la nature avare fait acheter à l'homme au prix de tant de recherches et d'efforts.

Recherche des gîtes. — L'exploration géologique d'une région en vue de la reconnaissance des roches exploitables et des gîtes métallifères qu'elle peut renfermer dans son sol, conduit à la découverte d'*indices* plus ou moins prochains, qui ont besoin d'être confirmés par des travaux de recherche immédiate. Nous avons exposé ailleurs (*Roches et Minerais*) les principes et les procédés de cette investigation première, la valeur des indices, l'itinéraire de l'explorateur. Notre présente étude commence au moment où l'examen théorique du sol a établi l'existence et la situation du gîte, sinon avec certitude, du moins avec un degré de probabilité suffisante pour qu'il y ait lieu de mettre le pic dans la roche. Quand, par les *affleurements* rencontrés, par l'étude des mines voisines, cette existence et cette situation sont choses bien acquises, on va directement à la rencontre de la couche ou du filon en perçant dès l'abord le puits ou la galerie d'accès, qui devra servir de débouché pour la mine lorsqu'elle sera en exploitation. Souvent aussi, sur la foi d'indices moins précis, on se décide à creuser un petit puits provisoire ou quelques tronçons divergents d'étroites *galeries de recherche*, pour fouiller le terrain. Mais dans beaucoup de cas, notamment dans la recherche des couches de houille, parfois très-profondément ensevelies, on ne saurait entreprendre sans plus sérieuse garantie des travaux qui seraient considérables, lents, onéreux, et pourraient n'aboutir qu'à une déception. On procède alors aux recherches par voie de *sondage*.

Sondage. — Ce procédé, usité en Chine de temps immémorial, ne s'est introduit en Occident que depuis le XVIᵉ siècle, et son emploi est dû à l'initiative de notre Bernard de Palissy. Il consiste à percer, à *forer* dans le sol, à travers les couches de roches, un trou cylindrique de petit diamètre, pouvant atteindre à une très-grande profondeur. — En réalité, c'est le travail même du forage des trous de mine, agrandi à des proportions considérables : un *sondage* n'est autre chose qu'un trou de mine gigantesque. Mêmes outils : seulement, proportionnés aux dimensions de l'œuvre ; l'installation et la manœuvre se transforment et se compliquent dans le même rapport. — Imaginez une longue, forte et lourde barre de fer, élargie en palette à son extrémité armée d'acier, et se terminant par un tranchant en biseau : vous avez le *trépan* ou *burin*, l'outil essentiel du sondage ; une grosse *barre à mine*, comme vous voyez. Il s'agit de la

Trépan simple.

mettre en mouvement, de la soulever et de la laisser retomber. Ici la force musculaire serait impuissante ; l'outil est d'un poids énorme. C'est une machine qui fera le travail. — Supposez donc le trépan accroché par la tête à une forte corde qui, passant sur une poulie, vient s'enrouler sur le *rouleau* d'un treuil ou le *tambour* d'un manége. La machine agit, le trépan est lentement soulevé jusqu'à 50 centimètres ou un mètre de hauteur. Alors le trépan

Sondage au moyen d'un manége. — Relevage de la tige.

est décroché tout à coup : il retombe, convenablement guidé dans son mouvement ; il frappe d'un choc puissant et entame la roche de son tranchant d'acier. Puis la même manœuvre recommence ; à chaque coup un ouvrier, au moyen d'une barre transversale, fait tourner le trépan sur lui-même d'une fraction de tour, afin que le trou se creuse régulièrement arrondi. Le forage commencé est tenu rempli d'eau ; la roche broyée forme un sable détrempé, une sorte de boue qui entraverait bientôt le mouvement du burin. On ramène celui-ci, et à sa place on descend une *curette* proportionnée à cette *barre à mine* : je veux dire un appareil destiné à enlever la roche broyée. C'est un cylindre creux, portant à sa partie inférieure une soupape. Le cylindre est descendu jusqu'au fond du trou ; la soupape, par suite de ce mouvement de descente, se soulève, et la boue liquide pénètre à l'intérieur du cylindre. On le retire alors, on le ramène au jour ; la soupape qui s'est refermée retient les boues comme dans un seau. Si un *coup de soupape* ne suffit pas au curage du trou, on recommence l'opération. — Parfois aussi, pour enlever des dépôts épais ou même pour forer une roche très-tendre, on fait usage d'une

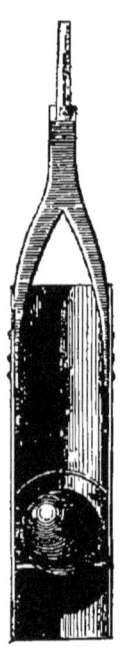

Cylindre à soupape.

sorte de *tarière*, comme une mèche de vilebrequin, qui *rode*, c'est-à-dire creuse en tournant.

Au début la manœuvre est très-simple ; on avance assez rapidement. Mais à mesure que le trou se creuse, il faut que le trépan, pour atteindre le fond, soit fixé à l'extrémité d'une tige de plus en plus longue. Or, cette tige, au-delà d'une profondeur de quelques mètres, ne peut plus être faite d'une seule pièce. La monture de la sonde se compose donc de bouts de tige, en fer quelquefois, le plus souvent en bois, ayant chacun de 10 à 20 mètres de long, gros en proportion. Ces pièces de la tige s'*emboîtent*, se vissent bout à bout, à l'aide de vis et d'écrous de fer. La manœuvre devient lente et compliquée. Quand le trépan a battu quelque temps, il faut curer le trou : donc, retirer l'outil. Et pour cela il faut que la tige soit démontée pièce à pièce. Au moyen du treuil ou du manége l'outil est soulevé graduellement, et chaque pièce de la tige est successivement dévissée et mise de côté. Si le trou a atteint, par exemple, 200 mètres, il y a dix tiges semblables, au minimum, à dévisser, avant que le trépan soit ramené au jour. Le trépan sorti, il faut descendre la soupape, en rajustant, par une manœuvre inverse, les bouts de tige les uns aux autres; puis on remontera la soupape, on redescendra le trépan. Dès que le forage atteint une notable profondeur, la plus grande partie du temps se passe à descendre et à remonter les outils, à visser et dévisser les tiges : le travail avance lentement. — Pour un petit sondage destiné à atteindre des couches peu profondes, un treuil à engrenage mû par 2 ou par 4 hommes, ou un manége à chevaux peut suffire pour *battre*, et pour remonter les tiges. Quand le forage a une grande importance et doit être poussé profondément, on emploie une machine à vapeur. Pour le battage, la tige du trépan est alors accrochée à l'extrémité d'une forte poutre formant balancier; la force de la machine agit à l'autre extrémité pour élever le trépan et le laisser retomber. Enfin divers perfectionnements, dans le détail desquels nous ne pouvons entrer, et qui ont pour but d'activer le travail et de prévenir les accidents, ont été introduits à une époque récente.

L'inspection des débris rapportés par la soupape fait connaître, mais imparfaitement, la nature des couches atteintes. Si le trou contrecoupe un gîte métallifère, une couche de houille, des fragments de minerai, une poudre noire de charbon se retrouvent dans les boues extraites. A-t-on besoin d'indications plus précises, on substitue au trépan ordinaire un *décou-*

4

peur creux, armé de quatre dents d'acier, et disposé pour entamer la roche sur le contour seulement ; la roche ainsi creusée en rigole à la circonférence laisse vers le centre une sorte de bouchon cylindrique qui fait saillie au fond du trou : c'est ce que l'on appelle un *témoin*. Au lieu de la soupape on descend alors une sorte d'emporte-pièce faisant l'office de tenaille, qui brise à la base par un effort oblique, détache et ramène le témoin. On a de cette façon un échantillon parfaitement caractérisé de la roche atteinte ; et si un fragment de minerai ou de houille est ainsi rapporté, on peut en apprécier la qualité et la valeur. — En général les sondages se prêtent mal à la recherche des gîtes métallifères, et conviennent fort bien au contraire à la recherche de la houille. Un grand nombre de forages ont été pratiqués dans les bassins houillers ; beaucoup ont atteint la profondeur de 200 à 300 mètres, et donné des indications précieuses. Le plus profond sondage qui ait jamais été réalisé fut pratiqué vers 1853 à la *Mouille-longe*, près du Creusot, pour retrouver la continuité souterraine de couches de houille affleurant à quelque distance. Ce forage, qui coûta quatre années de travail et des sommes considérables, fut interrompu par un accident, avant d'avoir rempli son objet : le trépan se cassa dans le trou, et il fut impossible de le retirer. On avait atteint la profondeur énorme de 920 mètres !

Ce n'est pas seulement à la recherche de la houille que s'applique le procédé du forage au trépan ; et quoique ces sortes de travaux ne se rattachent qu'indirectement à notre sujet, nous ne pouvons nous empêcher de citer au moins en passant ces *puits artésiens*, si nombreux aujourd'hui, qui vont, sur la foi des données géologiques, chercher dans les profondeurs du sol d'un vaste bassin géographique des sources qui viennent de bien loin, des couches aquifères *remontantes*, véritables lacs souterrains dont les eaux jaillissent abondantes et pures, par l'étroit passage que leur ouvre la sonde.

Enfin on a récemment osé appliquer les procédés du sondage, agrandis dans des proportions gigantesques, à percer directement, en toute leur largeur, des puits de mines de 2 à 4 mètres de diamètre, et de plusieurs centaines de mètres de profondeur. Quel trou de vrille! C'est là certes, au point de vue de l'art, un résultat merveilleux ; mais il n'est pas dit qu'un pareil moyen, qui consiste à broyer en sable toute la roche au lieu de l'extraire en gros fragments, puisse jamais être employé couramment, économiquement, si ce n'est en certaines circonstances tout à fait exceptionnelles.

Conditions de l'exploitation. — Supposons donc le gîte découvert, reconnu par des travaux préliminaires d'exploration. Il s'agit maintenant de procéder à l'attaque. Mais, évidemment, les travaux devront être conduits suivant des méthodes différentes, selon la nature et la situation du gîte : conditions générales qu'il faut examiner tout d'abord.

L'exploitation des mines comprend une série si étendue de travaux si vastes et si divers, si variables dans le détail suivant les lieux et les circonstances, qu'une description suffisamment explicite de chacun de ces travaux faite dans un ordre successif quelconque rendrait difficile au lecteur, par les développements qu'elle entraînerait, la tâche de reconstruire dans son esprit l'ensemble décomposé, le mécanisme démonté pour ainsi dire pièce à pièce. Nous procéderons donc autrement. Posons bien d'abord les conditions générales, indiquons les divisions du sujet, arrêtons les grands traits ; par une description sommaire où tout soit sacrifié à la clarté, formons-nous une idée d'ensemble des méthodes et procédés. Cela fait, nous reprendrons l'un après l'autre les travaux, dont la place et le rôle dans l'exploitation nous seront connus d'avance ; nous n'aurons plus alors scrupule de nous arrêter quelque peu aux détails curieux ou aux effets pittoresques qui pourront se rencontrer sur notre route.

Au fond, la donnée générale de la *mine* est la même que celle de la *carrière* : analogie essentielle qui ressortira en mille manières. La différence, elle est surtout dans le développement imposé aux travaux de la mine, dans l'extension des procédés, leur complication, leur coordination, leur dépendance mutuelle en face des difficultés accumulées, dans l'importance qui en résulte pour les services accessoires. Pour les mines, comme pour les carrières, il y a deux conditions générales en présence : l'exploitation à ciel ouvert et l'exploitation souterraine. Mais, tandis que pour les carrières, le travail sous le ciel est le cas ordinaire, le travail souterrain l'exception, pour les mines, c'est précisément le contraire. Cela tient à la valeur de la matière à exploiter, valeur qui conduit à ne pas se contenter de l'enlever là où elle se montre à fleur de terre, mais à la poursuivre jusqu'à d'effrayantes profondeurs, au prix de travaux gigantesques et de dépenses énormes, que l'extraction des pierres et matériaux de construction ne saurait comporter.

EXPLOITATION A CIEL OUVERT.

Dispositions générales. — Rien ne ressemble mieux à une simple et vulgaire carrière qu'une exploitation de mine à ciel ouvert. Comme ce mode d'extraction est infiniment plus commode et plus simple, il va de soi qu'on y aura toujours recours lorsqu'il s'agira d'attaquer des amas de minerai superficiels ou gisant à de faibles profondeurs. — Un tel amas peut encore se rencontrer en deux situations différentes : en plaine, au-dessous du sol, de manière à être atteint par une excavation en forme de *fosse ;* vers le sommet ou à mi-pente d'une élévation, de telle sorte qu'on puisse y ouvrir une brèche *de flanc.* Ces conditions qui permettent l'exploitation à découvert ne se rencontrent pas, on le comprend, également fréquentes pour les diverses sortes de gîtes. C'est chose très-rare pour les *filons* (filons-fentes, filons de contact), qui ont ordinairement une faible puissance, et plongent sous le sol suivant une inclinaison rapide. Il y en a cependant des exemples ; le plus frappant qu'on puisse rappeler est cette légendaire mine de cuivre de *Falhun*, en Suède. Ce mode d'extraction est, naturellement, plus ordinaire pour les *couches*, lorsqu'elles ne sont pas situées profondément, ni fortement inclinées. Tel est le cas d'un très-grand nombre de mines de fer, ouvertes dans les couches superficielles dites *minerais d'alluvion*. Souvent il ne s'agit, pour mettre le gîte à découvert, que d'enlever une faible épaisseur de sable, d'argile ou de *tourbe*. Il y a aussi des exemples de couches de houille peu profondes ainsi dépouillées. Citons de préférence la houillère du *Treuil* près Saint-Étienne (Rhône), pour montrer comment certaines conditions locales peuvent influencer sur les procédés d'exploitation. Pour mettre à nu cette couche, il a fallu enlever une assez forte épaisseur de roche ; mais la roche, qui est un grès houiller fin et compacte, constitue une pierre de construction, dont la valeur compense, et au-delà, les frais du découvert. Les amas irréguliers (*gîtes de contact, stockwerks, gîtes éruptifs*) se présentent assez souvent de telle sorte qu'on peut les exploiter ainsi ; mais alors ces gîtes, qui appartiennent aux régions montagneuses, le plus souvent se trouvent sur les sommets ou à mi-côte des escarpements, et sont attaqués de flanc par des brèches largement béantes : condition de beaucoup la plus favorable aux travaux à ciel ouvert. Tels sont, par exemple, les gisements de *sel gemme* de Cardona, au pied des Pyrénées ; Täberg, Dannemora (voir le frontispice), la plupart des fécondes mines de fer de la Suède. Là souvent l'amas forme un massif complétement dégagé, véritable montagne de minerai, entamée, *détranchée* de toutes parts, et qui finira par être déblayée complétement. Citons encore comme type le magnifique amas de fer oxydé de Rio, dans l'île d'Elbe ; vers le sommet d'un monticule conique qui domine la mer, la dure roche de fer sort de terre. Les excavations puissamment ouvertes, et depuis des siècles, forment, ici comme de longs ravins d'écroulement, là comme de larges cratères égueulés.

Quand une mine, ouverte et longtemps exploitée à ciel ouvert, de plus en plus se creuse à la poursuite du gîte qui s'enfonce dans la terre, il vient un moment où les travaux en tranchée, de plus en plus élargis et profonds, deviennent trop onéreux par l'enlèvement des roches. A partir de cette limite, la mine est forcée de changer de régime ; et l'exploitation se continuera désormais par des puits et des galeries souterraines. C'est ainsi qu'on a procédé à *Falhun*, à la mine du *Treuil*. Enfin, dans un même ordre d'idées, il arrive fréquemment qu'on dépouille par des excavations au jour les affleurements des gîtes, tandis que les parties profondes qui en constituent la grande masse, sont fouillées par des mines souterraines. De cette manière de procéder, aussi fréquente que naturelle, contentons-nous de citer pour exemple l'abattage sur l'affleurement d'un gîte de cuivre au Rammelsberg (Saxe). C'est du reste ainsi que débute souvent l'exploitation d'un amas, du moins jusqu'à ce qu'on ait acquis sur sa structure et sa richesse des renseignements assez complets pour se hasarder à aller chercher le gîte dans la profondeur, par des percées lentes et coûteuses à travers les roches.

Travaux d'une mine à ciel ouvert. — Le *chantier d'extraction* d'une mine à ciel ouvert offrira souvent une forme plus irrégulière que celle d'une carrière, parce qu'il faut suivre l'amas exploité et se conformer à ses allures. S'agit-il d'une excavation en fosse, on tâchera de se rapprocher de la forme rectangulaire qui offre plus de commodité pour les services et dégage mieux les approches. Le *découvert* obtenu par l'enlèvement des terres ou des roches sur une surface plus ou moins étendue en longueur et en largeur, le gîte est attaqué. On *fonce* une tranchée étroite dans le minerai lui-même jusqu'à la profon-

Travail sur un affleurement au Rammelsberg. — Gradins droits.

deur de 1 m. 50 à 2 m. environ : hauteur d'homme. Puis on *abattra* le long du *front de taille* que forme l'une des parois, de manière à élargir graduellement la tranchée, en maintenant le fond à peu près horizontal. Lorsqu'elle sera devenue assez large, on *foncera* de même une seconde tranchée au fond de la première, laquelle s'élargira à son tour et ainsi de suite. De la sorte on arrive à donner aux fronts d'abattage la forme en *gradins* dont nous avons exposé les avantages. On peut avancer ainsi régulièrement jusqu'à ce qu'on atteigne en un certain sens, soit en longueur, soit en largeur, la limite du gîte. Les *tailles* alors s'arrêtent contre la pierre stérile ; on suit les contours des *plans de contact* plus ou moins brisés ou onduleux, en enlevant partout le minerai jusqu'à la roche : c'est ce qu'on appelle *dépouiller* le gîte.

Le long des *tailles*, sur les faces verticales des gradins, l'abattage du minerai se fait exactement comme celui de la roche dans une carrière : sauf qu'il n'y a ordinairement nulle précaution à prendre pour obtenir des blocs considérables, puisqu'il doit, au contraire, être détaillé en menus fragments. Chaque ouvrier travaille sur trois ou quatre mètres de front. Suivant la dureté du minerai, il emploie les outils seuls ou la poudre. Les minerais *ébouleux*, en sables, en *brèches* faiblement agglomérées, s'abattent à la pioche ; pour les matières plus dures on emploie les pics acérés de diverses formes, les *pointerolles* sur lesquelles on frappe à coups de masse, les leviers pointus qu'on introduit dans les fentes. Les fragments détachés tombent sur le gradin, aux pieds du mineur. Si le minerai ou la gangue sont rebelles, on a recours aux *coups de mine*.

Nous avons vu comment on creuse, soit à la *barre à mine*, soit au fleuret et à la masse, les trous destinés à recevoir la matière explosive. La manière de les *placer* demande du mineur un certain tact. Il peut placer ses coups de mine *verticalement*, près du bord d'un gradin ; et alors l'explosion fera écrouler les blocs détachés sur le gradin inférieur. Il peut les diriger obliquement dans une des parois verticales, ce qui détache peu de blocs, mais a l'avantage de fissurer et d'ébranler la masse assez loin autour du coup de mine. Enfin il peut les placer *horizontalement*, au-dessus d'un *havage*, ou entaille faite en dessous, au pied du gradin. Son habileté consiste à prévoir la disposition que la masse peut avoir à se fracturer dans un sens ou dans l'autre, pour disposer ses coups de mine en conséquence.

Mais à la suite de l'abattage une complication va surgir, qui n'existe point pour l'extraction des pierres. Il est rare, nous le savons, très-rare, — sinon quand il s'agit du fer, de la houille ou du sel gemme — que la matière exploitable constitue à elle seule la masse du gîte. Presque toujours le minerai est accompagné de gangues, de matières stériles; et même le plus souvent, excepté dans le cas des minerais de fer, la masse de ces déchets dépasse de beaucoup celle de la matière métallifère. D'une manière générale on peut dire que plus le métal est précieux, plus la gangue prédomine sur le minerai. Voilà donc les blocs et fragments, détachés par le fer ou par les coups de mine, abattus, gisant sur le *plat* du gradin. Une partie seulement de cette masse constitue le minerai; le reste est roche stérile. Il y aura donc lieu de faire des triages. Et comme il serait onéreux autant qu'inutile d'extraire de la fosse, par charrois ou par machines, ce poids considérable de matière improductive, un premier triage au moins doit toujours se faire dans la mine. Des ouvriers donc trient immédiatement le produit de l'abattage. Les blocs stériles sont écartés; ceux qui contiennent des *veinules* ou des fragments de minerais sont brisés, *détaillés* à coup de masses ou de pics; les morceaux sont choisis à la main. Cette opération, grâce à l'habitude, s'accomplit avec rapidité; toute la partie exploitable est chargée à la pelle, avec ce qui y adhère encore de gangue, dans les brouettes, dans les *vases d'extraction*; le reste est le résidu, le *mort*, le déchet. Ces matériaux, parfois très-volumineux, restent dans la mine; ils constituent le *remblai*. La question des remblais

préoccupe peu dans une exploitation à ciel ouvert ;
dans les travaux souterrains, au contraire, c'est une
affaire capitale, comme nous le verrons. Ici, on s'en
débarrasse comme on peut. Une partie peut être uti-
lisée pour l'entretien des voies, si la nature de la roche
le permet ; le reste recomblera, derrière les mineurs,
les parties de l'excavation pauvres ou dépouillées.

*Transport du minerai. — Plan incliné automoteur.
Bennes.* — Le minerai abattu et trié, l'enlèvement
se fait de diverses manières : rarement par *portage*,
dans des sacs ou corbeilles portées sur le dos, sur
l'épaule. C'est là un moyen primitif, de plus en plus
délaissé, et dont on use exceptionnellement dans quelque coin de la mine, là où le *roulage* ne peut être ou
n'a pas encore été organisé. Le *roulage* se fait, soit à la
brouette, soit en de petits tombereaux ou wagonnets
à quatre roues, roulant sur le sol des gradins le long
des tailles, ou mieux sur un petit chemin de fer provisoire semblable à ceux qu'on voit employer chaque
jour dans les travaux de terrassement. Suivant l'activité plus ou moins grande de l'exploitation, on règle
les dimensions de ces tombereaux ou wagonnets ; ils
sont poussés par des hommes ou traînés par des chevaux.

Lorsque la mine s'ouvre en brèche sur le flanc d'une
colline, on peut, si la pente est assez raide, épargner
sur le parcours des voies, en disposant un plan incliné
en bois, un canal oblique où on déverse les minerais
brouettés le long des tailles. La matière glisse par
son propre poids jusqu'au pied de l'escarpement, où
elle est reçue et chargée sur des tombereaux, des
wagons ou des chalands. L'inclinaison est-elle trop
faible pour que le minerai glisse sur la *manche*, elle
est du moins plus que suffisante pour que les chariots
puissent descendre la pente, entraînés par leur propre
poids. L'idée se présentait alors tout naturellement
d'utiliser l'excédant de force au remontage des chariots
vides. L'appareil qui réalise cette idée est dit plan incliné *automoteur*. Une double voie de rails est établie

suivant l'inclinaison ; au haut de cette voie, imaginez
une très-grosse poulie, sur la *gorge* de laquelle passe
un long câble ; aux deux extrémités de ce câble deux
chariots accrochés, l'un plein, l'autre vide. Évidemment si l'un descend par son poids, l'autre remontera.
Le premier a été rempli à la pelle au haut de la
pente, ou amené tout chargé de la taille. On laisse
défiler le mécanisme. Le wagon vide remonté vient
s'arrêter au niveau des chantiers ; tandis qu'on le rem-

Plan incliné automoteur.

plira, ou le remplacera par un wagon chargé, le premier sera déchargé au bas de la pente, ou mieux décroché et remplacé par un wagon vide. La poulie,
pièce principale de tout le mécanisme, est munie d'un
frein, c'est-à-dire d'un appareil construit sur le principe de ceux dont on use pour serrer les roues d'une
lourde voiture que l'on veut retenir à la descente. Le
frein peut serrer plus ou moins fortement la poulie,
de manière à l'arrêter complétement, ou à la laisser
tourner en modérant seulement la vitesse. Un ouvrier, agissant sur le levier du frein, dirige à son gré
la machine, arrête les chariots, ou les met en marche
en laissant défiler le câble. Le plan incliné automoteur, assez souvent employé dans les chantiers à ciel

ouvert, est d'un usage plus fréquent encore dans les mines souterraines.

Lors au contraire que la mine forme une excavation en contre-bas du sol environnant, les tombereaux ou wagons doivent nécessairement monter pleins et redescendre à vide par un chemin en pente plus ou moins raide, donnant accès dans les travaux. Or quand la profondeur de la tranchée devient considérable, le montage des tombereaux ou wagons par des pentes, à force de chevaux, devient incommode et onéreux; il est préférable d'extraire les matières exploitées *verticalement*, le long d'une paroi à pic, par le moyen de machines. Les minerais sont versés dans des *bennes* (tonnes) ou *caisses* de formes diverses, suspendues à des câbles, montant et descendant alternativement. Les *vases d'extraction* sont mis en mouvement par un simple treuil manœuvré à deux hommes, ou par un manége, ou enfin, si l'importance des travaux l'exige, par une machine à vapeur.

Épuisement. — Le seul service accessoire que puisse exiger une mine à ciel ouvert est celui de l'*épuisement*. Plus l'excavation est étendue en superficie, plus elle reçoit des eaux du ciel; plus elle est profonde, plus les infiltrations du sol s'y rendent abondamment de toutes parts. Lorsqu'il est possible d'assécher la mine par une tranchée ou même une galerie souterraine dégorgeant les eaux à un niveau plus bas, dùt-elle être très-longue, il y a avantage à user de ce moyen. Les sacrifices qu'on aura faits pour l'établissement de ces conduits d'écoulement naturel seront amplement compensés par des commodités de toutes sortes et d'importantes économies. Mais si le fond de la mine se trouve situé en contre-bas de tous les terrains environnants, force est de recourir à l'épuisement artificiel. On dispose alors l'excavation de telle manière que la pente conduise de toutes parts vers un lieu inférieur, où est creusée une cavité appelée le *puisard*. Là les eaux sont puisées, soit à l'aide de tonnes ou bennes semblables à celles de l'extraction, soit à l'aide de pompes. Parfois, surtout si la profondeur est considérable, une machine à vapeur puissante est uniquement occupée, jour et nuit, à l'épuisement. — La construction des machines motrices, les services d'extraction et de roulage, l'organisation des épuisements offrent des détails intéressants, pour lesquels nous renvoyons, afin de ne pas faire double emploi, à la description des exploitations souterraines.

Exploitation des alluvions métallifères. — Dans la catégorie des travaux à ciel ouvert rentre encore l'exploitation des minerais *en sables*, étendus sous forme de couches superficielles ou peu profondes. Les minerais d'étain, notamment, affectent souvent cette forme d'alluvions sablonneuses dans certains districts de la Cornouailles et de la Bretagne, à Banca (Océanie) et à Malacca (Asie Orientale). L'enlèvement de ces minerais *meubles* à la pioche et à la pelle se fait exactement comme celui d'une roche ébouleuse quelconque, dans une simple carrière de sablon. — L'extraction des *minerais de fer lacustres* du fond des eaux qui les recouvrent offre quelque chose de plus original. Ces lacs si nombreux en Suède, et qui « disposés en étages sur les pentes accidentées, se déversent les uns dans les autres comme les vasques d'une fontaine » (*Le Fer*), cachent souvent sous leur nappe tranquille, dans les parties peu profondes, de vastes bancs de sables ferrugineux, minerais en grains, jadis en roche, arrachés aux flancs des montagnes, broyés en sable, entraînés et déposés par les eaux. Les gens du pays, pendant la belle saison, montent de grands radeaux grossièrement construits, et les amènent au-dessus des dépôts ferrugineux. De là, ils puisent, ils *pêchent*, pourrait-on dire, le minerai à l'aide de seaux ou de grandes cuillers, emmanchées de longues perches ou suspendues à des cordes, et faisant l'office de *dragues*. Ils traînent ces dragues sur le fond pour les remplir, puis les redressent et les enlèvent. Un simple lavage dans un crible en fil de fer débarrasse le minerai du limon; on le verse en tas sur le plancher du radeau. Le chargement achevé, on l'amène à la rive prochaine. Deux de ces pêcheurs de minerai peuvent ainsi en extraire de 3 à 6 tonnes en une journée de travail.

Enfin les *alluvions aurifères*, couches superficielles, parfois immenses, de sable, de galets, de limons, étendues aux pieds des montagnes, et qui contiennent l'or disséminé en grains, en paillettes, en poudre, ces riches *placers* des régions de l'or, la Californie, l'Australie, la Sibérie, comme les sables aurifères eux-mêmes des rivières et des fleuves exploités par les *orpailleurs*, se rattachent aussi aux gîtes à découvert. Seulement ici les travaux de *lavage* qui ont pour but de concentrer et de recueillir les parcelles du précieux métal se combinent si intimement aux travaux d'extraction, qu'il serait impossible d'exposer ces derniers, très-simples du reste, sans entrer sur le terrain spécial de la métallurgie de l'or. Nous en traiterons en détail dans un autre ouvrage (*L'Or et l'Argent*).

EXPLOITATION SOUTERRAINE.

Attaque du gîte. — L'exploitation souterraine comporte, comme les chantiers à ciel ouvert, les travaux d'abattage, l'organisation de l'extraction et de l'épuisement. Mais, en outre des difficultés qui vont compliquer ces travaux par suite des conditions dans lesquelles ils devront être accomplis, des nécessités toutes nouvelles vont surgir, auxquelles il faudra faire face. D'abord il faudra songer à la circulation des ouvriers dans les travaux, chose qui ne nous avait aucunement préoccupé jusqu'ici. Mais ce n'est pas tout : on ne peut pas travailler sans air; on ne peut pas travailler dans les ténèbres. Donc deux nouveaux services, accessoires mais indispensables, l'*aérage* et l'*éclairage*, qui peuvent entraîner plus d'une complication. Dans ce vaste ensemble d'opérations, toutes solidaires, toutes dépendant les unes des autres, nous sommes forcé d'établir des divisions, pour la clarté de notre exposition. Nous considérerons à part les *travaux préparatoires*, tels que l'établissement des voies, puis les *travaux d'exploitation* proprement dits, comme l'abattage, l'extraction. — Il s'agit tout d'abord, n'est-ce pas, d'atteindre le gîte ; puis de pénétrer au sein même de la masse à exploiter. La première question qui se pose est donc celle des *voies* et cheminements souterrains.

L'ensemble des travaux de la *voierie souterraine* comprend quatre sortes de voies : 1° Les *galeries horizontales* ou à faible pente ; 2° les *puits verticaux* ; 3° les *galeries à forte pente* et 4° les *puits inclinés*. Mais ces deux derniers moyens de communication, fort usités pour la petite circulation intérieure dans les travaux, sont aujourd'hui, pour des raisons que nous exposerons plus loin, très-rarement employés comme voies principales.

Pénétrer jusqu'à un gîte donné par l'une quelconque de ces percées souterraines serait la chose la plus simple, et le choix assez indifférent, si les nécessités prévues des différents services de l'exploitation n'imposaient d'avance certaines conditions. L'attaque devra donc être dirigée diversement suivant les circonstances du gisement : ou par une *galerie* (horizontale) ou par un *puits* (vertical). Mais selon l'un ou l'autre des deux modes d'accès adopté, les conditions seront très-différentes pour l'exploitation, comme nous allons le voir. Supposons, par exemple, un amas inclus au sein d'une colline. Du point le plus rapproché, situé sur le versant, vers le fond de la vallée, je creuse une galerie légèrement montante, jusqu'à la rencontre du gîte. Cette galerie, pendant le cours de l'exploitation, pourra donner facile accès aux ouvriers, servir de voie de transport ou d'extraction pour amener au jour les matières abattues, sans frais, sans machines, sans complication ; enfin, chose capitale, grâce à sa pente légèrement inclinée vers le dehors, elle donnera aux eaux un écoulement naturel. Si, au contraire, j'eusse pratiqué, à partir d'un niveau supérieur, un puits descendant vers le gîte, ce puits eût été la voie de circulation pour les ouvriers, obligés de descendre et de remonter soit par des échelles, soit par des machines spéciales ; toutes les matières à extraire, nous voilà contraints de les faire monter par le puits jusqu'au niveau du sol ; et les eaux de la mine aussi devront être élevées jusqu'à la bouche du puits. Or l'élévation de toutes ces matières lourdes, les minerais et les eaux, constitue une dépense considérable de force motrice ; voilà la nécessité d'établir, d'alimenter et d'entretenir des machines motrices puissantes et des appareils compliqués, qui grèveront l'exploitation de frais énormes. L'accès par galerie est donc infiniment préférable lorsqu'il est

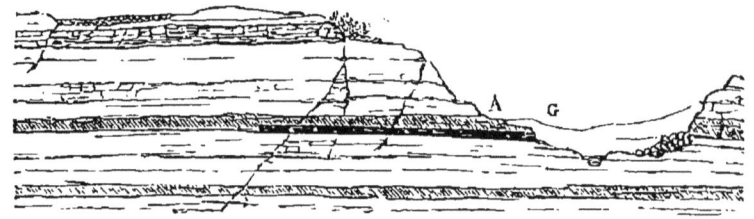

Attaque d'une couche par une galerie. A, affleurement. G, galerie.

possible, c'est-à-dire, évidemment, si le gîte se trouve à un niveau plus élevé qu'un point donné du sol environnant, où puisse déboucher au jour la galerie. S'il est situé en contre-bas du sol, ou si les points de débouché possible sont trop éloignés, il faut se résigner au puits, à l'extraction et à l'épuisement mécanique avec tous leurs inconvénients.

Appliquons ces principes à l'attaque des diverses sortes de gîtes. Pour commencer par le cas le plus simple, soit une *couche* horizontale ou à peu près. Cette couche affleure-t-elle en quelque partie déclive du sol, sur les pentes d'une vallée creusée dans les assises du terrain, par exemple ? une galerie ouverte dans l'affleurement même nous fait pénétrer immédiatement au cœur du gîte ; à partir de cette *maîtresse voie* se creuseront des galeries latérales qui s'allongeront à mesure que les travaux s'étendront. Si la couche n'affleure pas, ou si le point d'affleurement est trop éloigné, on creusera un puits ; le gîte atteint, on y ouvrira une ou plusieurs voies horizon-

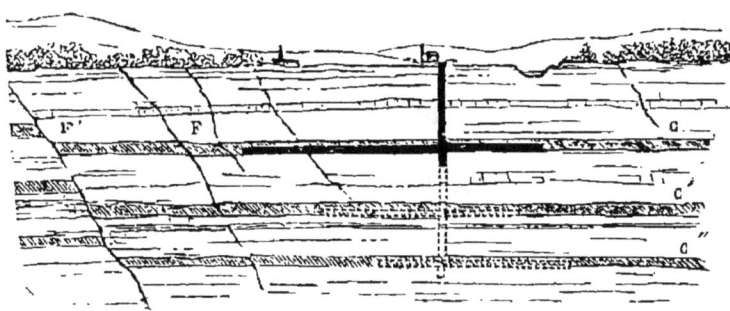

Attaque d'une couche par un puits. C, couche exploitée. C' C'' couches plus profondes qui seront atteintes par le puits prolongé.

tales en communication avec ce puits. Soit maintenant un filon, ou un amas irrégulier de forme plongeante, ou une couche fortement inclinée. Si un tel gîte forme un affleurement qui se montre vers le bas d'un escarpement, de telle sorte qu'une partie importante au moins du gîte se trouve située au-dessus du niveau de ce point, on peut encore avantageusement ouvrir une galerie horizontale dans l'affleurement même. Mais si le gîte n'affleure que vers sa partie supérieure, circonstance la plus ordinaire, il y a deux manières de procéder, deux méthodes en présence. La première idée qui s'offre, c'est d'attaquer encore le gîte par l'affleurement même. Les travaux, alors, suivant leur marche en descendant, il faudra creuser, *dans l'épaisseur même du filon ou de la couche*, des galeries ou des puits plus ou moins inclinés, qui iront s'approfondissant à mesure. C'était la manière de procéder des anciens ; et bientôt nous aurons lieu d'exposer tous les inconvénients qu'elle entraîne, et qui l'ont fait abandonner généralement. L'autre méthode, beaucoup plus rationnelle, presque

5

universellement adoptée aujourd'hui, consiste *à re-
couper*, — c'est le terme technique, — le gîte *en profondeur*, par une voie pratiquée dans la roche stérile
encaissante : une galerie, si la disposition des reliefs
du sol le permet ; sinon, un puits vertical. Cela
fait, à partir de ce point où le puits ou la galerie le
recoupe, on creuse transversalement, dans le gîte
même, le long du *toit* ou du *mur*, une galerie horizontale qui en suivra toutes les ondulations. C'est ce
qu'on appelle la *galerie de direction*, parce qu'en effet
elle est orientée suivant la direction du gîte ; elle
ira s'*allongeant* à mesure que l'exploitation s'étendra
en direction, jusqu'à la limite : c'est pourquoi elle est
souvent aussi appelée *galerie d'allongement*. C'est la
voie principale, à laquelle se rattacheront les voies
secondaires. Ordinairement on creuse à partir du

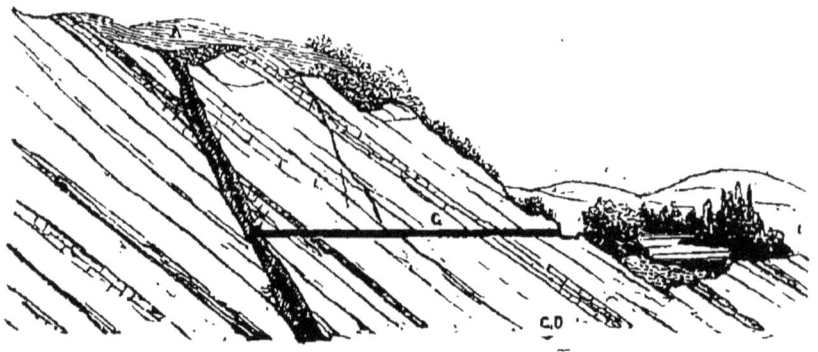

Attaque d'un filon incliné par une galerie. A affleurement. G galerie.

puits ou de la voie d'accès, deux galeries d'allongement s'ouvrant en face l'une de l'autre, pour exploiter le gîte en même temps à droite et à gauche.
Notons bien dès maintenant qu'une mine un peu
considérable peut rarement s'en tenir à une seule
voie de communication avec l'extérieur ; les services
de l'exploitation demandent le plus souvent qu'on
établisse au moins deux passages ouvrant au jour :
deux galeries, ou deux puits, ou un puits et une
galerie, en communication par les voies intérieures.

Traçage. — En outre, pour l'activité de l'exploitation, il est avantageux de multiplier les points d'attaque du gîte, les chantiers d'abattage. Pour cela, on recoupe le gîte par des voies croisées. S'agit-il d'une couche horizontale ? à partir soit du dehors, soit du puits, soit de la galerie principale, on perce deux ou plusieurs galeries, parallèles ou à peu près, qui de

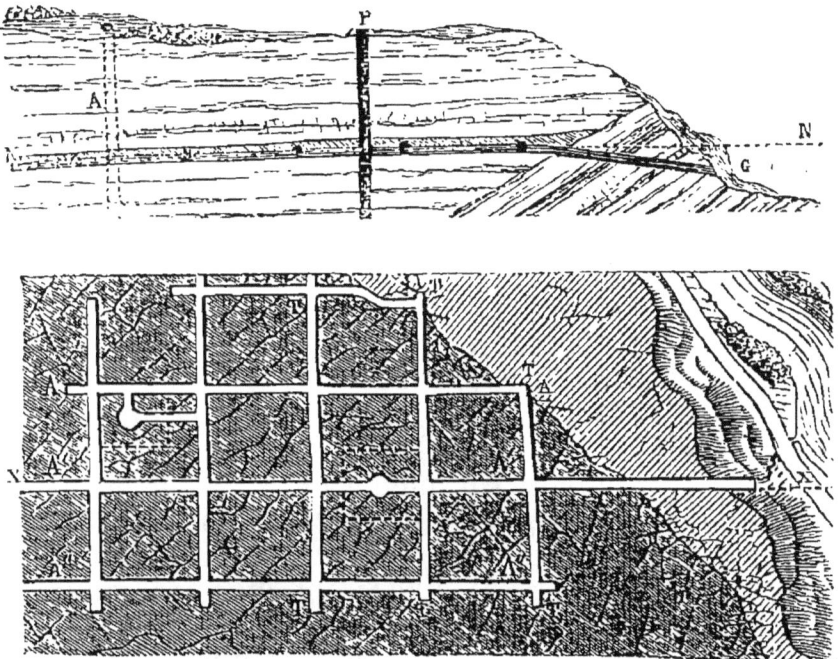

Traçage dans une couche horizontale (coupe et plan). P puits. G galerie d'écoulement. AA'A'' g. d'allongement. TT g. transversales.

distance en distance communiquent par des galeries transversales. De la sorte la couche se trouve découpée en *massifs* à peu près rectangulaires, isolés, dégagés, comme on dit, par les voies qui les contournent. Ces massifs dégagés seront entamés sur plusieurs points à la fois ; et tandis que les mineurs attaquent la matière exploitable dont l'enlèvement leur aura été facilité par les voies déjà tracées, d'autres ouvriers prolongent ces mêmes galeries vers la partie encore inattaquée de la couche pour y découper de nouveaux massifs : et ainsi de suite, jusqu'à *dépouillement* complet du champ d'exploitation. Cette opération préliminaire est ce qu'on appelle le *traçage*. Le *traçage*, dans la pratique, réalise rarement la régularité géométrique qu'offre notre figure. Les voies ne peuvent pas toujours être parfaitement droites, les massifs parfaitement égaux, vu que la couche elle-même n'est pas d'une régularité complète ; mais on cherche à se rapprocher de ces conditions idéales autant que le permettent la nature et la forme du gîte. En général, plus l'*aménagement* d'une mine est régulier, dans le tracé des voies comme en toute chose, plus les travaux sont rendus commodes, par cela même productifs, économiques.

Quand le gîte à dépouiller ne se compose que d'une seule couche à peu près horizontale et d'une faible épaisseur, les travaux ne peuvent s'étendre qu'en superficie. Mais s'il y a plusieurs couches superposées, cas le plus ordinaire dans les houillères, la mine doit avoir plusieurs *étages*, exploités, soit en même temps soit successivement. Un même puits, graduellement approfondi, atteint, traverse successivement les couches, et donne accès dans les divers étages. Le plus ordinairement alors ces étages ont en outre communication entre eux par de petits puits intérieurs destinés à divers services. Soit maintenant un filon régulier ou une couche très-fortement inclinée : c'est tout un, au point de vue de l'exploitation. Un tel gîte a dans son ensemble la forme d'une plaque plus ou moins épaisse, plongeant plus ou moins obliquement à travers les terrains. Il est évident qu'un puits vertical ne peut percer une semblable plaque qu'en un seul point. A cette hauteur, avons-nous dit déjà, on pousse de chaque côté du puits une galerie d'allongement horizontale, suivant la direction du gîte. Mais cette seule coupure ne dégagerait pas suffisamment les travaux. Cette voie principale percée, il faut découper le gîte en massifs par des voies croisées, à peu près comme nous avons fait pour la couche horizontale. Nous sommes donc conduits à percer, suivant la direction du gîte, non plus une seule galerie mais plusieurs galeries parallèles : deux, si vous voulez, pour commencer. Le gîte étant incliné, ces deux galeries parallèles poussées suivant sa direction sont donc nécessairement à deux niveaux différents. Elles se suivent, l'une au-dessus, l'autre au-dessous, mais non pas verticalement l'une sous l'autre, puisque le filon est incliné. Si maintenant de distance en distance nous perçons des voies communiquant de l'une à l'autre des deux galeries horizontales, ces voies transversales seront nécessairement dirigées dans le sens de l'inclinaison du gîte, elles-mêmes inclinées, *plongeantes*. Une telle voie à pente rapide, quelque chose d'intermédiaire entre une galerie et un puits, est ce qu'on appelle une *descenderie*. Le gîte entre les deux voies horizontales et les descenderies qui les réunissent de distance en distance, se trouve donc encore divisé en massifs dégagés, à peu près rectangulaires, tout semblables à ceux que forme dans une couche horizontale, le réseau des galeries croisées ; différant seulement en ce qu'ici les massifs sont situés obliquement comme le gîte lui-même. — Pour vous en faire une idée nette en suivant sur les figures, redressez le livre presque verticalement en face de vous. La même figure (p. 67) qui, le livre étant posé à plat, vous représentait, en *plan*, le massif découpé dans la couche horizontale, le livre étant relevé, vous représentera très-exactement, en élévation, c'est-à-dire en face, la plaque découpée dans le gîte incliné. Les deux galeries d'allongement (AA') restent horizontales, mais l'une se trouve située au-dessus de l'autre ; les voies transversales (TT) prennent la position de descenderies rapides. A mesure qu'on enlèvera ces massifs par les travaux d'abattage, on allongera les galeries vers les parties non encore entamées, et on établira de nouvelles descenderies, isolant de nouveaux massifs. Toute la tranche ainsi découpée dans le gîte, située entre la voie supérieure et la voie inférieure, et divisée en massifs, forme ce qu'on appelle un étage d'exploitation.

Si maintenant on veut ouvrir un second étage de travaux au-dessous de celui-ci, on établira, à une pro-

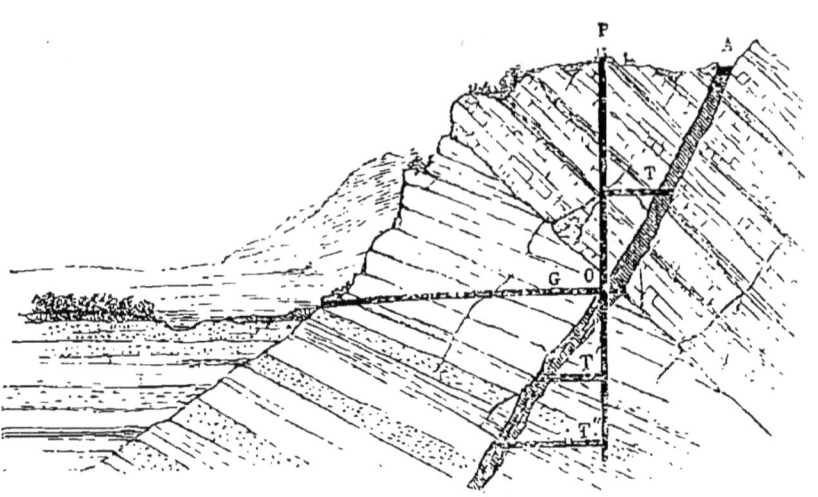

Exploitation d'un filon par plusieurs étages de travaux. P puits. T'T'T" traverses. G galerie d'écoulement.

fondeur convenable, une nouvelle galerie d'allongement; puis, de distance en distance, des descenderies; la *voie inférieure* de l'étage situé au-dessus formera tout naturellement la *voie supérieure* de l'étage situé au-dessous. — Mais pour arriver au niveau de cet étage inférieur, et y établir la galerie d'allongement, il a fallu, tout d'abord, approfondir le puits principal de la quantité convenable. Et comme alors on se trouvait hors du gîte, qui, lui, s'enfonce obliquement, il a fallu, à partir du puits, aller à sa rencontre à travers la roche stérile, par une galerie horizontale. Cette galerie est ce qu'on appelle une *traverse*. A son débouché dans le gîte, part et s'étend des deux côtés la galerie d'allongement. Comme le puits ne peut couper la couche qu'en un seul point, à l'orifice des galeries d'un seul étage, les galeries de tous les autres étages, soit au-dessus soit au-dessous, sont ainsi mises en communication avec lui par des *traverses*. Pour les amas de toute forme, dès lors qu'ils sont étendus en profondeur, il est évident qu'il faut établir ainsi plusieurs étages d'exploitation ; on procède absolument comme nous avons indiqué pour le cas d'un filon-fente ou d'une couche inclinée, à cela près que si le gîte est moins régulier de forme, les travaux auront nécessairement aussi une allure moins régulière. Dans tous les cas nous remarquerons qu'on met autant que possible le puits principal dans la roche stérile, en dehors du gîte, pour atteindre ensuite celui-ci par des traverses à différents niveaux. La raison de ceci se comprendra mieux quand nous aurons décrit les travaux de l'exploitation.

Ainsi qu'on a déjà pu voir par ce qui précède, une considération est prédominante dans la question de l'aménagement d'une mine, de l'établissement des voies : c'est celle de l'épuisement des eaux. Même quand on fait d'un puits la voie principale d'extraction, s'il y a possibilité de creuser une galerie d'écoulement on n'y manque pas. Quand un point d'un gîte donné est atteint par une galerie d'écoulement, toute la partie du gîte *situé au-dessus* est considérée par le mineur comme *dégagée* pour l'exploitation, débarrassée du principal obstacle. En effet, tous les travaux qu'on pourra faire dans cette partie, auront un écoulement naturel ; point de frais d'épuisement, point de crainte d'inondation ; plus de ces dangers, de ces complications sans nombre, de ces charges onéreuses que les eaux infligent trop souvent au mineur. Au lieu d'occasionner une dépense considérable de force mécanique pour l'épuisement, avec une galerie d'écoulement ouverte souvent les eaux deviennent tout au contraire une source de force motrice utilisable pour d'autres services ; nous verrons plus loin comment. — Évidemment la galerie ne peut pas écouler les eaux de la partie du gîte qui se trouverait située en contre-bas de son niveau : il y a donc avantage à la pratiquer le plus bas possible. Mais pour cette partie même des travaux qu'elle ne saurait assécher, la galerie d'écoulement n'en constitue pas moins un avantage considérable. Les eaux des étages inférieurs n'auront du moins besoin d'être élevées que jusqu'à son niveau, pour se répandre au dehors ; tandis que sans elle il eût fallu les faire monter jusqu'à la bouche du puits : économie considérable de force motrice et d'appareils. — Enfin, quand la galerie peut donner accès aux ouvriers au moins dans certains étages, c'est une simplification importante obtenue, et plus d'un danger écarté. Dans les travaux où les eaux ne peuvent trouver un écoulement par une pente naturelle, elles se réunissent au fond du puits. Celui-ci se prolonge un peu au-dessous du niveau des plus basses galeries, et forme un réservoir, où s'accumulent les eaux. C'est ce qu'on nomme le *puisard* : cela représente un puits ordinaire. De là les eaux sont extraites par des machines, soit au moyen de *tonnes*, fonctionnant comme d'énormes seaux, soit au moyen de *pompes*.

La question de l'écoulement des eaux est encore à considérer dans le tracé de toutes les voies accessoires ; toutes les galeries d'une mine, galeries de traverse, d'allongement, voies secondaires, doivent avoir une pente légère vers le puits ou la galerie d'écoulement. Une voie, une série de voies qui se trouverait avoir une pente en sens contraire, sans dégagement, serait bientôt noyée, et la circulation, les travaux interrompus. Il suit de là encore que les voies obliques doivent toujours être percées en *montant*. Les descenderies, par exemple, doivent être pratiquées à partir de la voie inférieure, en se dirigeant vers la voie supérieure où elles déboucheront. Si l'on procédait en *descendant*, chaque voie inclinée deviendrait pour ainsi dire, pendant le temps de son percement, un petit puits, au fond duquel s'accumuleraient les infiltrations des parties voisines ; les travaux seraient arrêtés, ou bien il faudrait organiser des épuisements. Et non-seulement le perçage des voies, mais aussi l'abattage des massifs, les travaux des *tailles* doivent toujours progresser en montant. Il y a du reste à ce procédé beaucoup d'autres avantages, que nous mettrons en lumière quand nous parlerons de l'extraction. — On peut bien, il est vrai, dans une mine, ouvrir successivement les *étages* de plus en plus profonds, en descendant ainsi comme par degrés ; mais *dans chaque étage* les travaux doivent — insistons — procéder toujours en montant, à partir de la voie inférieure de l'étage. Dans une couche qui serait parfaitement horizontale, on n'aurait pas à se préoccuper de cette direction à donner aux travaux ; mais dès qu'il y a une pente, si faible qu'elle soit, il faut en tenir compte.

En outre de l'épuisement des eaux, il est encore une autre nécessité à laquelle la disposition générale des voies doit satisfaire. Je veux parler de l'*aérage*. L'air vicié par la respiration des ouvriers, la combustion des lampes, les coups de mine, plus encore par les émations souterraines, doit être sans cesse renouvelé. Il faut qu'un *courant d'air* continu et suffisamment rapide parcoure tous les travaux, circule par toutes les voies. Souvent il arrive que le courant d'air se produit tout naturellement. Si cette circulation naturelle ne se fait pas assez active, il faut y suppléer à l'aide de machines produisant un *courant d'air forcé*. Nous aurons lieu de revenir sur cette question de l'aérage, un des plus importants services de l'exploitation minière, et des plus difficiles à organiser. Pour le moment nous nous contenterons de prévoir cette nécessité, afin d'y conformer le tracé des voies. Évidemment toutes les voies doivent former dans leur ensemble un *circuit continu*, non interrompu, où l'air puisse circuler, serpenter pour ainsi dire de galerie en galerie ; toutes communiquant entre elles de telle sorte qu'il ne reste aucune impasse, aucun *cul-de-sac* où l'air vicié accumulé deviendrait rapidement irrespirable. La disposition générale d'un étage d'exploitation telle que nous l'avons indiquée, — deux galeries parallèles communiquant par des voies transversales, — satisfait à cette condition : le courant d'air arrive par une des galeries, revient par l'autre. Mais dans certains cas il est nécessaire de percer des galeries plus ou moins longues, des descenderies ou des puits même qui n'ont d'autre but que de compléter le circuit d'aérage, et constituent des *voies de retour d'air*. La même circulation exige évidemment aussi que la mine ait au moins deux ouvertures, — orifices de puits ou de galeries — communiquant avec l'extérieur : une pour l'entrée de l'air, l'autre pour la sortie. — Dans le cas où on est réduit à une seule voie débouchant au dehors, on est contraint de diviser le puits ou la galerie unique en deux parties par une cloison régnant dans toute la longueur : en réalité cela fait deux puits accolés ou deux galeries contiguës.

Dispositions des tailles. — L'abattage des matières exploitées se fait de deux manières différentes : 1° dans le creusement des galeries au sein du gîte, 2° dans l'attaque des massifs que ce traçage a dégagés. Des galeries creusées dans le terrain stérile sont un travail purement préparatoire, une mise de fonds nécessaire pour les futurs travaux; mais sitôt qu'on a atteint le gîte, les voies taillées dans son épaisseur même, pour l'opération du *traçage*, donnent lieu déjà à une certaine production. Le mineur qui travaille un peu à l'étroit au fond de la galerie, entame la masse exploitable avec les outils, et s'il le faut, avec la poudre : à mesure que la galerie se prolonge, un volume de matière égal au vide qu'elle forme est nécessairement enlevé, et le minerai occupait au moins une partie de ce volume excavé. Mais dans les massifs dégagés par le traçage le mineur travaille plus à l'aise, et par là même son travail est plus productif.

Saper, déblayer la matière de l'un de ces massifs paraît chose toute simple : mais une difficulté va surgir, inconnue aux chantiers à ciel ouvert. Comme l'établissement des voies est dominé par les conditions d'épuisement et d'aérage, l'organisation des travaux d'abattage est toute entière dépendante de la question de *soutènement*. En effet, du moment qu'on pratique au sein du terrain des vides d'une certaine étendue, on provoque des éboulements. Si vous déblayez les matières qui remplissent une couche, un filon, quelle que soit la solidité des roches, il viendra un moment où, sous le poids énorme des couches supérieures', le *toit* n'étant plus soutenu s'écroulera par fragments ou s'affaissera en bloc sur le mur, comblant le vide de la couche disparue, refermant la fente du filon. Il faut donc de toute nécessité ou empêcher l'effondrement de se produire, ou parer aux conséquences qu'il peut entraîner. Avec de solides étais, des *bois* plantés du toit au mur, on soutient, il est vrai, le toit sur un certain espace autour des points où les ouvriers travaillent ; mais ce ne peut être là qu'un étayage momentané. On ne peut songer à soutenir en l'air, par exemple, des épaisseurs de centaines de mètres de rocher en de vastes étendues, au-dessus d'une couche mise à vide, sur la tête d'une forêt d'étais, comme une terrasse sur des colonnes... — Ici la question principale est celle des remblais.

Suivant la nature du gîte et les conditions du gisement, la matière abattue produit, par le triage, ou beaucoup, ou peu, ou point de *remblai*. Remarquons, tout d'abord, que si on entame un rocher, pour le creusement d'une galerie, par exemple, non-seulement la pierre abattue, si on l'entassait dans le vide de cette galerie, suffirait pour le combler totalement, mais elle n'y pourrait toute rentrer, tant s'en faut; parce qu'il serait toujours impossible de tasser la matière aussi compacte et aussi serrée qu'elle était lorsqu'elle formait le terrain inattaqué. Si de cette matière abattue une partie est du minerai qu'il faut enlever, le reste, la matière stérile, pourra encore suffire pour combler le vide pratiqué si le minerai

est en faible proportion relative, pour en combler
une partie seulement, s'il est en forte proportion.
Enfin si la matière à extraire forme toute la masse
abattue, il ne restera rien pour remblayer les excavations. En général, dans les mines métallifères, les
gangues prédominant sur les minerais, le triage pro-
duira une quantité considérable de remblai. Le minerai de fer compacte, le sel gemme, la houille,
formant des couches presque dépourvues de gangue,
fourniront peu ou point de remblai, à moins qu'on
n'abatte, en même temps que la matière exploitable,
de la roche stérile, au toit ou au mur du gîte. Dans
beaucoup de cas on peut même être conduit à faire
descendre du remblai de l'extérieur. — De là deux
conditions d'exploitation tout à fait différentes :
exploitation *avec remblais* (suffisants), exploitation
sans remblais.

*Exploitation sans remblais. Méthode par galeries et
piliers.* — Supposons d'abord que le remblai manque.
On est en face de deux alternatives : ou laisser dans
le gîte une quantité de matière exploitable suffisante
pour soutenir le toit ; ou laisser le toit s'écrouler,
s'affaisser. — Nous avons déjà vu se présenter un cas
assez semblable dans l'exploitation des carrières souterraines. Nous procéderons encore ici de la même
manière, par *galeries et piliers.*

On creusera donc dans le gîte une série de galeries
à peu près parallèles et très-rapprochées, coupée par
une autre série de galeries transversales, formant
une sorte de traçage très-serré ; ou mieux encore,
après avoir isolé par le traçage des massifs d'une
certaine dimension, on les recoupera de même par
deux systèmes de galeries laissant entre elles, sous
forme de piliers, la quantité de matière nécessaire
pour soutenir le toit. De la sorte, le *champ d'exploitation* arrive à figurer, sur le plan, un damier plus
ou moins régulier de pleins et de vides. C'est ici que
la question se pose. Abandonnerons-nous donc dans
la mine, et pour jamais, toute cette matière exploi-

table, qui représente plus du tiers du gîte? Cela se fait pour des matières de faible valeur, comme certains minerais de fer, le sel gemme. Trop facilement on appliqua autrefois le même traitement à la houille : depuis on a appris à la ménager davantage. Enfin il est des cas où l'on peut y être forcé ; alors on donne aux galeries toute la largeur possible, on affaiblit les piliers autant qu'on le peut sans danger, et on se retire, abandonnant ce qui est strictement nécessaire pour soutenir le toit. C'est la *méthode par galeries et piliers*, sans *dépilage*.

Au contraire, quand cela est possible, on abat aussi les piliers ; et c'est cette opération que l'on nomme le *dépilage*. — « Mais alors, le toit s'effondrera? » Bien entendu ; mais c'est chose prévue. Dans la *méthode avec dépilage* on conduit d'abord le réseau croisé des galeries, en avançant dans le gîte, jusqu'à ce qu'on

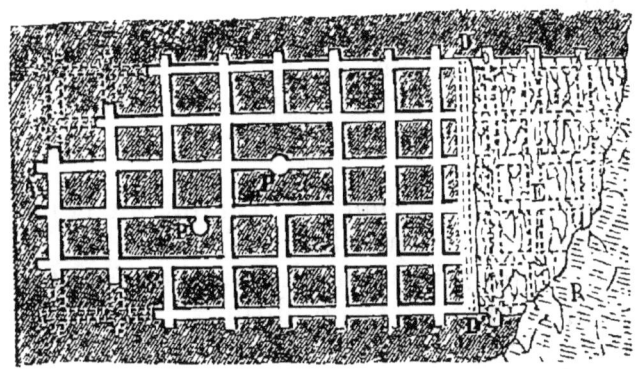

Plan d'une couche horizontale, exploitée par galeries et piliers avec dépilage. E partie dépilée. DD ligne de dépilage. R roche.

ait atteint la limite du champ d'exploitation dans un sens. La première période du travail est donc exactement semblable à la précédente méthode, sauf qu'on ne craint pas de laisser aux piliers une plus grande épaisseur. Cela fait, on procède aux *dépilages* en *battant en retraite*, c'est-à-dire commençant par la partie la plus éloignée du centre des travaux, et revenant graduellement vers les puits. A l'aide de

procédés de soutènement que nous aurons lieu de
décrire, on attaque les massifs d'abord réservés.
Toute une ligne de ces piliers est sapée, déblayée ;
les étais qui protégeaient le travail sont enlevés à
leur tour. Quelques mètres en arrière de la *ligne de
dépilage* le toit s'écroule. Les *écrasées* avancent, gagnent à mesure qu'on se retire en abattant les piliers ;
mais elles ne recouvrent en s'effondrant qu'une place
complétement dépouillée et déserte. On comprend
qu'une telle manière de procéder provoquerait bien
des accidents si les précautions les mieux entendues
n'étaient prises ; mais si le dépilage est bien conduit,
l'opération offre toute la sécurité désirable.

Ce que nous venons d'exposer s'applique aux couches horizontales ou peu inclinées, cas le plus ordinaire pour les matières qui ne fournissent pas de
remblai. Quand on a affaire à des filons ou à des
couches fortement inclinées, le traçage des galeries
horizontales et des *descenderies* qui les recoupent
peut se faire de même, en laissant subsister du toit
au mur des blocs servant de piliers ; mais le dépilage
est alors beaucoup plus difficile, et le plus souvent
on doit y renoncer.

Exploitation avec remblais. Quand au contraire le
triage fournit une quantité suffisante de remblais,
ou quand on en fait descendre de l'extérieur, ce qui
revient au même, les conditions de l'exploitation
sont tout autres. Le procédé général, qui se diver-
sifie dans le détail suivant les cas, consiste à substituer à une masse de matière abattue un volume
équivalent de remblais soutenant la pression du toit.
Il n'est pas nécessaire que le remblai comble entièrement le vide laissé par l'abattage ; il suffit qu'on
en puisse entasser des massifs assez considérables
pour supporter la pression des terrains superposés.
— Supposons d'abord une couche faiblement inclinée, découpée en massifs par le traçage. Il s'agit d'enlever un des massifs ; on dispose de remblais. On peut
procéder de plusieurs manières.

La première qui se présente à l'esprit est d'entamer le massif sur un des côtés; on entaillera la matière exploitable sur toute la longueur du massif à la fois, avançant également. Une certaine largeur étant ainsi enlevée, on soutiendra momentanément le toit, s'il est nécessaire, au-dessus de la tête des ouvriers, à l'aide d'étais de bois, de *boisages* disposés en ligne; puis, avec le *stérile* fourni par l'abattage, on remblaiera à mesure derrière les travailleurs. — On bâtit avec ces remblais comme des murs grossièrement construits en *pierre sèche* (sans mortier) montant jusqu'au toit; s'ils sont en trop petits fragments, on se contente de les jeter en tas. On avance de la sorte jusqu'à l'enlèvement total du massif, qui se trouve remplacé par une épaisseur équivalente de remblai. En accumulant ainsi

Exploitation d'un massif par grandes tailles. (Plan) FF front de taille. GG g. supérieure. DD g. de roulage. TT g. transversales.

les débris, on aura soin de réserver des voies. Cette manière d'attaquer les massifs sur toute leur longueur à la fois constitue la *méthode par grandes tailles*. On a toujours soin de procéder *en montant* suivant la pente de la couche.

Surtout quand la matière à exploiter est dure, il est plus avantageux pour l'abattage que chaque mineur ait devant soi le bloc dégagé sur deux faces. Dans ce cas on attaque le massif par un angle, et on progresse en donnant aux *tailles* la forme échelonnée figurée ci-après; les remblais suivent, en affectant la même forme. Cette disposition des tailles rappelle celle des carrières disposées en gradins, excepté qu'ici les degrés sont verticaux, en *plis de paravent* et non plus en marches d'escalier : c'est pourquoi on lui donne le nom de méthode par *gradins couchés*. Suivant qu'on attaque l'un ou l'autre flanc du gradin, de manière à faire progresser les tailles dans le sens parallèle aux voies d'allongement, ou transversalement, dans le sens de l'inclinaison du gîte, on a les *gradins couchés en direction*, ou les *gradins couchés en montant*. Enfin on peut aussi procéder par galeries et piliers : mais alors, au lieu d'étroites voies, on trace de larges entailles parallèles; on les remblaie à mesure qu'on avance en entassant le stérile à droite et à gauche, et ménageant seulement un passage au milieu. Entre ces entailles il reste

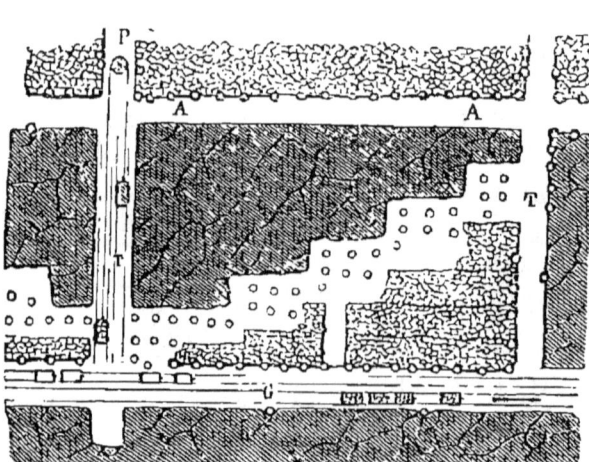

Exploitation d'une couche peu inclinée par gradins couchés. AA g. d'allongement supérieure. G g. de roulage. TT descenderies. P plan automoteur.

de larges et longs piliers, qu'on enlèvera ensuite à leur tour en procédant de la même manière : à ces piliers énormes on donne souvent le nom de *massifs longs*. De la sorte encore à chaque massif abattu est substitué un volume à peu près égal de remblai, ou du moins une quantité suffisante pour former de puissantes murailles, capables de soutenir le toit.

Supposez maintenant qu'il s'agisse d'une couche ou d'un filon très-incliné, presque redressé verticalement. (Pour suivre sur les figures, redressez encore le livre comme nous l'avons déjà fait en pareille circonstance.) Il s'agit d'enlever le massif plongeant compris entre le toit et le mur très-obliques, et de combler à mesure la fente, pour l'empêcher de se refermer. Ici, remarquez bien deux choses. D'abord que les *bois* allant du toit au mur, mis en étais pour le soutènement, sont placés presque horizontalement; on les engage en des entailles pratiquées dans la roche. Une ligne de bois ainsi posée fera donc l'effet d'une rangée de poutres, sur laquelle on pourra poser un plancher. Secondement, les remblais accumulés pour combler une partie de la fente, s'il y a des vides au-dessous, ne peuvent se maintenir en place qu'à la condi-tion d'être sou-tenus sur des planchers ou des voûtes.

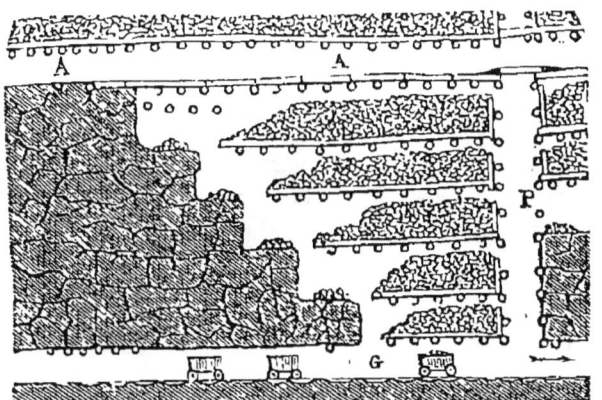

Il y a encore plusieurs mé-thodes, entre lesquelles on peut choisir suivant les cas. Nous avons d'a-bord les *gra-dins droits*, for-mant un véri-table escalier

Exploitation d'un massif incliné par gradins droits. AA, galerie supérieure. G, galerie de roulage. P, descenderie.

entre le mur d'un côté et le toit de l'autre, qui repré-sentent la cage de l'escalier : c'est une disposition toute semblable, *sauf l'étendue en largeur*, à celle que nous avons vue adoptée dans les carrières et les mines à ciel ouvert. Les ouvriers, montés sur la marche de l'escalier, attaquent la *contre-marche* verticale; et l'en-semble des gradins va reculant jusqu'à enlèvement total. Mais comme ici les remblais ne pourraient se soutenir et glisseraient dans le vide de la taille, au niveau de chaque marche d'escalier il faut souvent établir, à mesure qu'on avance, un plancher grossier

porté sur des bois solides placés en travers, du toit
au mur, pour supporter le poids des remblais ; et de
plus, il faut abandonner ces bois dans la masse des
remblais accumulés. Cet inconvénient et plusieurs
autres encore font souvent préférer un autre aménagement. Supposez la figure retournée *la tête en bas*...
Vous avez la disposition par *gradins renversés*. Les
ouvriers attaquent la face verticale des gradins renversés ; les matières abattues tombent à leurs pieds.
Le triage fait, les remblais sont rejetés et s'accumulent en une
masse tassée,
qui monte tout
naturellement à
mesure, recom-
blant la partie
dépouillée de la
fente, sans qu'il
soit besoin de
les soutenir par
des étages su-
perposés de boi-
sages et de plan-
chers.

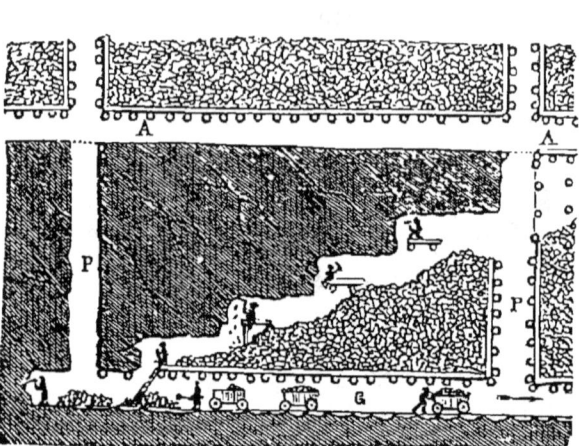

Exploitation d'un massif incliné par gradins renversés. AA, galerie d'allongement supérieure.
G, g. de roulage. PP, descenderies.

Dans tout ce
qui précède,
nous avons ad-
mis que le soutènement, momentané au moins, du
toit ou des remblais peut être fait par des étais de
bois, des planchers grossiers posés sur des bois trans-
versaux comme sur des poutres. Cela suppose qu'entre le toit et le mur de la couche ou du filon la distance n'excède pas la longueur qu'on peut donner
dans la pratique à de tels étais. La limite pratique
est *trois mètres* environ, c'est-à-dire la hauteur d'un
étage ordinaire d'une de nos maisons. Si donc le gîte
a une puissance qui excède cette limite, on ne peut
plus *boiser*, étayer *du toit au mur*. De là la nécessité
de modifier profondément les méthodes d'abattage.

Les détails des procédés deviennent très-variables.

En somme, dès qu'il s'agit d'un gîte puissant, quelles que soient sa forme et sa pente, que ce soit une couche horizontale épaisse, ou un filon, ou une couche fortement inclinée, ou un amas irrégulier quelconque, la méthode générale consiste à partager par la pensée le gîte en *tranches horizontales* superposées, en étages horizontaux de la hauteur de 3 m. environ; puis à traiter successivement chacune de ces tranches comme une *couche horizontale.* Pour l'enlèvement de chaque tranche, on pourra donc procéder, suivant les cas, avec ou sans remblai. Si on exploite chaque étage par *galeries et piliers* en abandonnant les piliers de soutènement, il faudra en outre laisser entre chaque étage un *sol* suffisamment épais, qui fasse voûte en dessus, plancher en dessous : cela conduit à

Exploitation d'un filon puissant par tranches superposées. P puits, B traverse. R, étage remblayé. E, étage en exploitation.

abandonner dans le gîte plus de la *moitié* du minerai. C'est ce qu'on fait... quand on ne peut pas faire autrement. Dans certains cas, on peut pratiquer le *dépilage*, et parer aux inconvénients des écroulements; mais cela est assez rare.

Si on dispose de remblais, la question se simplifie fort. On arrivera donc par une des méthodes ci-dessus exposées pour le cas des couches horizontales de faible épaisseur (grandes tailles, gradins couchés, massifs longs, galeries et piliers) à enlever totalement une des *tranches* du gîte, et à la remplacer par du remblai. Cela fait, on agira de même pour la tranche située au-dessus; on se trouvera avoir pour sol le remblai de l'étage inférieur. Dans cette méthode donc on procède *en montant*, à commencer par l'étage inférieur, ce qui est avantageux à tous égards.

Une observation générale, avant de finir. Quand on procède par *éboulements*, ne soutenant ni comblant les vides intérieurs, l'affaissement des terrains se propage peu à peu jusqu'à la surface. Lorsque la partie évidée est située très-profondément, il peut arriver que le sol s'affaisse assez régulièrement et assez lentement pour ne pas compromettre les travaux de la culture; si la profondeur est faible, le sol peut se défoncer par des écroulements, des effondrements en entonnoir, bouleversant toute la campagne. Dans tous les cas, les édifices situés sur un sol qui s'affaisse sont compromis dans leur solidité; et cette considération impérieuse peut contraindre à en passer par les méthodes avec soutènement. Même avec les remblais, qui toujours se tassent sous la pression, l'affaissement se produit encore; mais lent alors, presque insensible, et sans réel inconvénient.

Une des choses qui importent le plus à la bonne direction des travaux, c'est l'exécution exacte et soigneuse des *plans* qui représentent sur le papier la disposition des divers étages de la mine, des *coupes verticales* qui indiquent leurs relations dans le sens de la hauteur. On doit pouvoir suivre jour par jour sur ces tracés les progrès de l'exploitation : c'est sur le plan que se combinent toutes les mesures, que se prennent toutes les décisions. Les plans se *lèvent* dans la mine par les mêmes procédés et à l'aide des mêmes instruments qu'on emploie à la surface dans les opérations d'arpentage, de géodésie : *boussoles*, *cercles gradués*, pour l'évaluation des angles, *chaines* pour mesurer les distances, *niveaux* pour déterminer les pentes, etc. Seulement, dans ces ténébreux labyrinthes, les opérations, gênées par le manque d'espace, sont évidemment plus difficiles et plus laborieuses qu'au grand jour, dans la pleine liberté du terrain découvert.

EXÉCUTION DES TRAVAUX SOUTERRAINS.

Galeries.

L'ensemble des voies souterraines dans une mine importante comprend un réseau de galeries croisées, étagées à divers niveaux, qui, supposées toutes mises bout à bout, formeraient un *développement* très-considérable, parfois une longueur de plusieurs lieues. — Il y a les *galeries-maîtresses*, servant de principale communication entre la mine et l'extérieur, en lieu et place des puits; les *traverses,* aussi appelées *bouveaux,* pénétrant des puits vers le gîte; il y a les galeries *de direction* ou *d'allongement,* suivant le filon ou la couche en direction; les galeries transversales, souvent plus ou moins inclinées, *thiernes, descenderies, bronchages,* qui croisent et font communiquer les voies principales. Suivant les services auxquels elles sont consacrées, on distingue les *galeries de transport* ou *voies de roulage* pour le minerai abattu, les *voies de circulation* pour les travailleurs, les *galeries d'écoulement* pour les eaux, et les voies spéciales d'aérage ou *voies d'air*; enfin les *galeries de recherche* pour sonder le gîte. Mais le plus souvent, chaque galerie sert à la fois à plusieurs fins. — Quand une voie est percée dans la masse minérale à exploiter, elle est dite *galerie au massif*; si à travers la roche stérile, c'est une *galerie au rocher.*

Les voies ont des dimensions très-variables suivant leur importance et leur destination. En somme, il est très-avantageux pour une exploitation d'être desservie par des voies relativement larges; l'excédant de dépense première est plus que compensé par des commodités de toute sorte, se traduisant par des économies et une plus grande activité d'exploitation. Une voie d'allongement servant au roulage aura au moins de 1 m. 75 à 2 mètres de hauteur, sur une largeur de 2 m. à 2 m. 50. Pour des voies secondaires, on se contentera de 1 m. 50 de hauteur sur 1 m. 20 de

largeur. Des galeries de la hauteur de 1 m. 35 —
bien juste hauteur d'homme — et d'un mètre ou
même de 0,75 de large, sont un minimum pour la
petite circulation intérieure. — Je sais bien qu'il y a
dans certaines mines des couloirs encore plus étroits,
inégaux, tortueux, où il faut se glisser en travers

Attaque du vif-thier au fond d'une galerie.

faute de largeur ou ramper à quatre pieds faute de
hauteur; mais de tels passages, qu'on ne devrait jamais tolérer qu'à titre tout à fait exceptionnel et provisoire, ne peuvent pas être dits galeries ; il faut les
appeler de leur vrai nom, des *trous de rats*.

Perçage des galeries. — Dans les conditions ordinaires, le perçage d'une galerie est un travail très-
simple. Un ou plusieurs mineurs (dits *coupeurs de
mur*), suivant la largeur de la voie, attaquent la paroi
qui forme le fond de la galerie, le *vif-thier* comme

disent dans leur langage pittoresque les mineurs belges, c'est-à-dire la *bête vive*, la masse intacte de la roche ou du gîte. L'abattage se fait par les procédés ordinaires ; au pic, à la poudre, suivant la dureté de la matière à entamer ; selon que celle-ci est plus ou moins traitable, plus ou moins récalcitrante, on avance plus ou moins lentement. Les mineurs dressent grossièrement les parois latérales à l'aide du *pic à rocher* ; ils nivellent à peu près le sol, et creusent, vers le milieu ou sur le côté de la voie, un petit sillon destiné à l'écoulement des eaux qui suintent ou sourdent çà et là : c'est le ruisseau de la rue souterraine. Rappelons ici que les voies de direction, et en général toutes les voies principales sont tracées, autant que possible, à peu près horizontales, avec une légère pente vers le puits ou vers le dehors ; pente nécessaire pour l'écoulement des eaux, et qui facilite, en outre, comme nous le verrons plus loin, le transport des matières abattues.

Parfois les parois et la voûte de la galerie se soutiennent d'elles-mêmes. Il n'est pas nécessaire pour cela que la roche soit très-dure ; mais il faut qu'elle soit compacte et très-saine, c'est-à-dire peu fissurée. J'ai vu des galeries creusées dans les roches tendres de la craie blanche, et qui se passaient fort bien de soutènement. — Lorsqu'il en est autrement, il faut contretenir les parois et la voûte soit par un système d'*étais* constituant ce qu'on appelle un *boisage*, soit par un *revêtement* en maçonnerie.

Le boisage complet d'une galerie consiste en une série de *cadres* de charpente, formés chacun de quatre pièces : deux *montants*, une *sole* en bas, une *traverse* en haut réunissant les montants. On donne à ceux-ci une position un peu oblique, afin qu'ils fassent, comme on dit, *jambes de force* ; condition qui augmente beaucoup la résistance et la stabilité de l'ensemble. Ces cadres sont plus ou moins espacés suivant le besoin ; 1 mètre est une distance assez ordinaire. Entre ces cadres dressés et les parois de la roche, on a introduit des pièces de bois transversales allant d'un cadre au suivant dans le sens de la longueur de la galerie. C'est ce qu'on appelle le *garnissage*. Les pièces de garnissage portent contre la roche et la soutiennent, les cadres contre-étaient, serrent contre la roche les garnissages, qui forment cloison à jour le long des parois, plan-cher à la voûte. Une galerie n'a pas toujours be-soin d'un boi-sage aussi com-plet. Si le sol est suffisamment so-lide pour four-nir le point d'ap-pui, on suppri-me la sole du cadre, et les montants sont engagés dans une entaille faite au sol pour les empêcher de glisser. Parfois une des parois de la roche est solide et n'a nul besoin d'être ap-

Galerie boisée.

puyée; on ne fait qu'un *demi-boisage*, raidi contre l'autre paroi. Enfin si le toit de la galerie a seul be-soin d'être soutenu, ce qui arrive fréquemment dans les filons, le plancher de garnissage est simplement posé sur une série de *potelles*, courtes poutres enga-gées à leurs deux extrémités dans des entailles prati-quées aux parois de roc, et serrées avec des coins; de toutes les pièces du cadre de boisage, il ne reste plus ici que la traverse.

Les bois que l'on emploie généralement dans les

mines pour le boisage des galeries, des puits, l'étaie-
ment des tailles, etc., sont des *troncs* d'arbres de gros-
seurs diverses suivant les cas, et d'essences variées :
chêne, hêtre, charme, pin, sapin. Ils sont simplement
écorcés, non *équarris*, le moins possible entamés par le
fer ; coupés net, là où il le faut, à l'aide de la hache
tranchante du boiseur : non pas sciés — ce qui déchire
les fibres, forme des surfaces spongieuses, et favorise
l'action destructive de l'humidité. Les garnissages sont
formés de plus petits troncs et tronçons de grosses
branches, coupés en deux, fendus dans le sens des
fibres : encore a-t-on soin d'appliquer du côté du roc
la surface fendue. Le petit ruisselet d'écoulement doit
être dégagé en dessous des soles, si les cadres en
possèdent, de telle sorte que l'eau n'y atteigne pas.

Le boisage se pose à mesure que la galerie se prolonge. Aussitôt que le mineur a avancé son entaille
de deux ou trois mètres, arrivent avec leur attirail
les *boiseurs,* qui dressent un nouveau cadre à la suite
des autres déjà posés, chassent des garnissages, et
serrent le tout avec des coins de bois, enfoncés à
grands coups de masses. La plupart des galeries de
mine, même les voies principales, sont simplement
étayées de la sorte ; les *thiernes, bronchages,* descenderies, qui ne doivent servir que pendant le temps
de l'exploitation du massif qu'elles entourent, sont
soutenues par de légers boisages. On ne muraille
que les grandes galeries qui ont une importance
considérable et doivent desservir de vastes travaux
pendant une longue période ; ou bien encore celles
qui traversent des terrains dont la pression est si
forte qu'un boisage n'y résisterait pas.

Muraillement des galeries. Les galeries muraillées
ont en petit la forme d'un tunnel de chemin de fer :
une voûte soutenue sur deux murailles latérales dites
pieds-droits. Dans certains terrains le sol n'aurait
pas assez de consistance pour offrir un solide point
d'appui aux pieds-droits chargés de la pression
que leur transmet la voûte. Dans ce cas le revête-

ment en maçonnerie doit se recourber inférieurement aussi en une voûte renversée, qui forme ce
qu'on appelle un *radier*. La galerie alors figure un
tube ovale, une sorte d'énorme tuyau noyé dans
l'épaisseur des terrains, et dont les parois présentent
de toute part une surface arrondie pour résister aux
poussées (pressions) qui se contre-balancent plus ou
moins. On éta-

blit sur des tra-
verses un plan-
cher à une cer-
taine hauteur,
pour servir à la
circulation ; et
la voûte renver-
sée du radier
devient un canal
pour l'écoule-
ment des eaux.
— Tout au con-
traire, quand la
roche est très-
solide d'un côté,
ou des deux cô-
tés, on supprime
un des pieds-
droits ou même
tous deux ; dans
ce dernier cas le
muraillement se

Galerie muraillée.

réduit à une voûte jetée d'un côté à l'autre, s'ap-
puyant à droite et à gauche sur une corniche taillée
dans le rocher, et supportant le poids des terres ou
des remblais accumulés au-dessus. Ces maçonneries
se construisent suivant les pays soit en briques soit en
moëllon piqué, c'est-à-dire en pierre grossièrement
taillée, et sont cimentées avec de bonne chaux hydraulique ou du ciment dit *ciment romain*.

Un muraillement se bâtit par *reprises*, c'est-à-dire

par petits bouts. Une certaine longueur de galerie étant creusée, et étayée par un boisage provisoire, les maçons se mettent à l'œuvre. A mesure qu'ils avancent, ils enlèvent les pièces du boisage ; celles qu'ils ne pourraient enlever sans craindre de provoquer des éboulements, ils les laissent engagées derrière, noyées pour ainsi dire dans l'épaisseur de la maçonnerie.

Les principales complications qui peuvent surgir dans le percement d'une galerie tiennent, non pas à la dureté trop grande de la roche, — ce qui ne peut entraîner que des retards et des frais, — mais tout au contraire à la rencontre de terrains très-ébouleux, *mouvants*, tels que des sables, des graviers, des argiles sans consistance. Surtout si ces terrains sont infiltrés d'eaux abondantes, chose malheu-

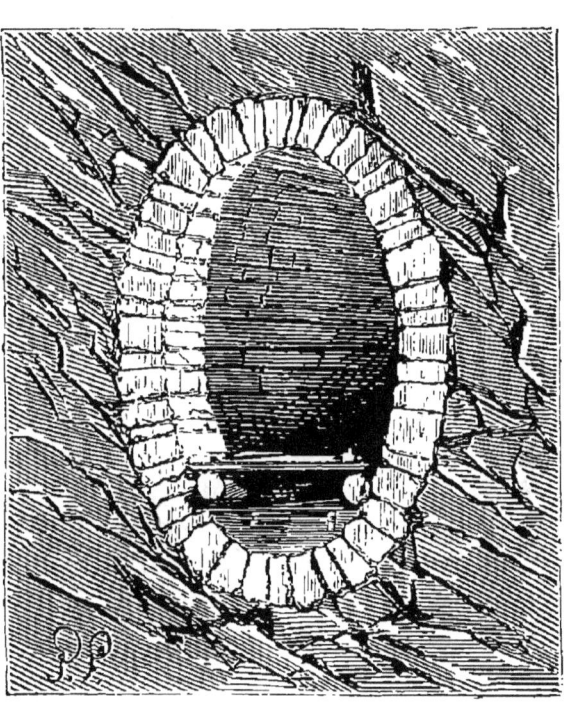

Galerie muraillée avec radier.

reusement commune, l'opération peut devenir très-difficile. On cherche autant que possible à éviter de telles couches de terrain, à maintenir la galerie dans une roche saine, fallût-il faire un détour. Mais on n'a pas toujours le choix ; et on peut être contraint d'aborder de front l'obstacle. Les difficultés tiennent à ce que le *vif-thier*, le fond de la galerie, et les parois latérales de l'entaille que pratique le mineur

ne peuvent se soutenir pendant le travail même d'excavation, s'éboulent à mesure, avant qu'on ait pu les
appuyer par un boisage. Si l'on continuait de creuser
il se ferait des effondrements dangereux, le vide se
recomblerait sans cesse... Que faire? Il faudrait que
le soutènement, au lieu de suivre, de si près que ce
soit, l'excavation, la précédât pour ainsi dire; qu'on
boisât avant de creuser... Or cela n'est pas impossible.

Imaginez qu'avant d'entamer le pan de roche ébouleuse on pose contre le fond de la galerie un cadre
de boisage très-solide. Autour de ce cadre, en dehors, entre lui et la paroi latérale, on va introduire
et chasser de force des planches de chêne d'environ
1^m ou 1^m 50 terminées en coin, qui vont s'enfoncer
horizontalement dans la masse du terrain à attaquer,
comme des pilotis dans le sol. Des deux côtés et
à la voûte, tout autour du cadre, on chasse de ces
planches-coins ou *palplanches*; à grands coups de
masse on les contraint de pénétrer jusqu'à la tête
dans le terrain meuble. On a soin de les enfoncer
divergentes, c'est-à-dire s'écartant. Supposez qu'une
série de palplanches se touchant, ou presque, les
unes les autres, aient été ainsi enfoncées à un mètre
de profondeur : voilà un mètre de galerie boisée
avant d'être ouverte; les palplanches forment un garnissage qui précède l'entaille. Attaquons maintenant
à la pioche le terrain ébouleux : la paroi du fond
s'écroulera bien en talus, mais le terrain est soutenu
à la voûte et aux parois, il ne peut venir combler à
mesure le vide que nous faisons. Quand nous aurons
avancé de 50 ou 55 centimètres, ce sera assez pour
faire la place à un second cadre, que nous monterons
à l'intérieur du vide ménagé par les palplanches. Ce
cadre sera de même dimension que le précédent : et
il aura sa place entre les palplanches, car elles ont
été enfoncées divergentes, et le vide qu'elles proté-
gent va s'évasant. — Cela fait, entre le second cadre
et les premières palplanches, on en chassera une
seconde rangée, qui prolongera le garnissage de 50

à 60 cent. au delà des premières, et permettra de creuser un peu plus avant. En répétant cette manœuvre autant de fois qu'il est nécessaire on arrive à franchir le pas difficile : dès que les coins s'arrêtent contre la roche ferme, on reprend le mode ordinaire de creusement. La galerie ainsi *poussée*, on se hâte de la soutenir par un bon muraillement à *radier*, bien étanche, construit en dedans du boisage provisoire que constituent les cadres et les palplanches.

Le plus souvent un écoulement considérable d'eau vient compliquer les difficultés. Le liquide filtre avec abondance à travers le sable mobile, ou délaie en boue les argiles. Il faut lui préparer un épuisement rapide. Parfois les couches de sable rencontrées sont tellement submergées que les eaux envahiraient la galerie, entraînant sables et argiles délayées, arrêtant les travaux. En ces cas heureusement rares où les procédés que nous venons de décrire seraient inefficaces, et si l'on ne peut couper court aux complications en détournant la voie, il reste la ressource de moyens compliqués, coûteux, non sans danger, analogues à ceux qu'on emploie, en face des mêmes difficultés, dans le percement des puits, et dont nous donnerons plus loin une description sommaire.

Grandes galeries d'écoulement. — Dans certaines exploitations importantes les voies principales sont parfois construites sur de larges dimensions, et constituent de véritables travaux d'art. On cite dans des houillères anglaises, des galeries voûtées, véritables *tunnels* où circulent des trains de wagons attelés à des locomotives, absolument comme sur les chemins de fer à la surface. Les galeries d'écoulement surtout sont largement exécutées : en France, en Angleterre, en Allemagne, certaines mines en possèdent de fort belles. Mais ces ouvrages particuliers à une seule exploitation ne sont rien en comparaison des grands canaux souterrains qui desservent à la fois tout un groupe de mines nombreux et important. Dans certaines régions minières, en Cornouailles, au Harz, il y a de ces galeries, qui, creusées à des profondeurs de plusieurs centaines de mètres, parcourent tout le district et vont déboucher au loin. La région entière est ainsi drainée, pour ainsi dire ; la grande galerie est le *drain collecteur* ; chaque exploitation y envoie un tronçon de galerie pour y déverser ses eaux. En outre une telle voie établit d'une mine à l'autre une communication précieuse ; elle sert souvent à la circulation des ouvriers, aux transports même ; elle devient ainsi une grande route souterraine du district minier. Enfin, par un système dont nous donnerons plus loin une idée, elle crée pour toutes ces mines une puissante et économique source de force motrice. On cite, dans le Harz, les six belles galeries du groupe de mines de Clausthal : quatre d'entre elles datent de près de trois siècles ; la dernière, à peine achevée, sillonne le sol à 400 mètres de profondeur, et se prolonge sur plus de 23 kilomètres de développement. Une autre à Schemnitz, en Hongrie, atteint 16 kilomètres. Ces vastes galeries forment, sur une grande partie de leur étendue, des canaux souterrains navigables, où le transport des minerais se fait sur des bateaux. Une longue corde de touage accrochée de place en place pend en guirlande à la voûte ; le *toueur* y prend un point d'appui pour faire glisser son lourd chaland chargé de minerai, et l'amener doucement jusqu'au débouché où la galerie s'ouvre sur un canal découvert. Un trottoir pour la circulation règne le long d'une des parois. Des galeries-canaux, moins importantes, il est vrai, existent aussi dans plusieurs houillères françaises et anglaises.

Ces grands ouvrages sont exceptionnels ; mais toute mine moderne, en pays civilisé, devrait avoir au moins un parcours de voies principales convenablement nivelées, bien percées, suffisamment larges et hautes. L'art du mineur à notre époque, les connaissances géologiques permettent d'établir un plan d'exploitation régulier. Aux temps anciens il ne pouvait en être ainsi. Tout allait au hasard. Le mineur sui-

vait le filon, tant qu'il donnait, poussant sa galerie
à mesure ; en sorte que dans un gîte un peu irrégulier la voie allait tâtonnant, tortueuse, large ici, là
resserrée, montant ou descendant ; les voies formaient un dédale inextricable dont le plan jamais
ne fut dressé. Ces méthodes barbares sont encore
suivies dans les contrées peu avancées en civilisation.
Au Mexique, par exemple, au Chili, le mineur perce
encore de ces terriers irréguliers, plus semblables
à des cavernes qu'à des mines, où d'immenses excavations font suite à des couloirs tortueux, à pente
raide, au sol glissant et inégal, parfois interrompus
par des escaliers ébréchés dans le roc, par des passages obliques et bas où il faut ramper à quatre
pieds ou se glisser obliquement. Là les puits sont
de simples trous béants, aux parois crevassées desquels de rudes troncs d'arbres dressés, portant des
entailles pratiquées à la hache, forment de vertigi-
neuses échelles. Tout le reste à l'avenant ; en ces
conditions un service de roulage régulier est impossible, et les lourds minerais doivent être amenés
au jour par petites charges, à dos d'homme. — Malheureusement il n'est pas besoin d'aller si loin, ni
de remonter bien haut dans l'histoire, pour trouver
de ces mines mal aménagées, où les voies étroites
tracées au hasard rendent inapplicable toute bonne
organisation des transports. Au commencement de
ce siècle toutes nos houillères, dans le Midi surtout,
où les gîtes sont moins réguliers qu'au Nord, en
étaient là. Très-mal ouvertes par les premiers exploi-
tants, elles avaient légué à leurs successeurs des
travaux irréguliers, dont on continuait de tirer parti
tant bien que mal. Cela entraînait des conséquences
déplorables. Tout était à refaire, et c'était des frais
énormes. Il a fallu pourtant en venir à ces mesures
radicales. Beaucoup de mines métallifères, où les
travaux ont moins d'activité que dans les houillères,
ont encore aujourd'hui des voies mal percées et dans
un état d'entretien insuffisant.

Dans beaucoup d'exploitations bien organisées des voies appartenant à d'anciens travaux délaissés s'utilisent du moins encore pour la circulation : leurs tortueuses *fendues* ou *visettes* donnent accès dans la mine. L'abord des chantiers par ces longs souterrains cause une impression irrésistible de tristesse, sinon aux ouvriers, dont les nerfs sont blasés sur de telles impressions, du moins aux visiteurs. A quelques mètres de l'entrée, la clarté du jour rampant sous la voûte meurt, combattue, bientôt effacée par la lueur rougeâtre et fumeuse des lampes. L'œil, mal habitué aux ténèbres, ne distingue plus rien à dix pas ; peu à peu, on commence à apercevoir devant soi les parois inégales du rocher, fuyant vers le vide noir du fond. On avance lentement, suivant une pente rapide, sur un sol défoncé ; à mesure que l'on descend, la montagne semble s'alourdir, peser sur vous. Le chemin s'allonge, s'allonge : il semble qu'on ne verra jamais le bout de l'interminable fendue. — Une surtout, dont je me souviens, était particulièrement lugubre. Arrivée à un premier étage d'exploitation abandonné, la voie plongeait tout à coup en pente raide vers les profondeurs, tortueuse, interrompue de degrés inégaux ; le sol s'abaissait sous le pied, la voûte rampante *pendait*, d'une déclivité rapide, vers le fond noir du passage : il semblait qu'on descendait dans les enfers. A droite et à gauche s'ouvraient des entrées basses de galeries : c'était l'accès des vieux travaux, dédale inconnu où on se fût égaré, perdu sans retour peut-être. Ailleurs le sentier traversait de vastes excavations irrégulières; les vides formaient de grandes arcades pleines d'ombre, d'où l'écho des pas revenait avec des sonorités étranges ; ou, si l'on s'arrêtait, il en sortait des murmures cristallins d'eaux courantes invisibles. C'était avec un véritable soulagement qu'on se sentait arrivé à la fin de cette sombre traversée, quand les bruits croissants et de plus en plus distincts du travail, les voix, les coups de pics, le choc sourd des machines dans le puits de la pompe, annonçaient la présence de l'homme et l'animation laborieuse des chantiers en activité.

Puits.

Les mineurs distinguent deux sortes de puits : les puits *principaux*, formant grande voie de communication entre la mine et l'extérieur, et les puits *secondaires*, ou puits intérieurs, petits puits de service, faisant communiquer deux étages de travaux. Un puits principal constitue le plus considérable des travaux d'une exploitation minière, l'œuvre capitale. Suivant ses destinations, il reçoit des dénominations diverses : il y a les puits d'*extraction*, d'*aérage*, le puits d'épuisement ou *puits des pompes*; le puits servant à la circulation des travailleurs est dit *puits aux échelles*. Mais le plus souvent un seul et même puits réunit plusieurs de ces services divers, et doit être disposé en conséquence. — Pour le mineur belge, un puits est une *fosse* ou une *bure*, quand il est achevé, une *avaleresse* (du mot *aval*, en aval, en bas), tandis qu'il est en voie de creusement. L'Anglais le nomme *schaft*, trou; ou bien *pit*, abîme.

Abîme en effet, et souvent d'effrayante profondeur. Il y a dans les mines du Harz (Andreasberg) des puits qui plongent jusqu'à 800 et 870 mètres dans les entrailles de la terre! C'est, il est vrai, la limite extrême jusqu'ici atteinte; mais les puits profonds de 500 mètres, — un demi-kilomètre en verticale! ne sont pas rares. Vous trouverez sans doute que la profondeur très-ordinaire de 300 à 400 mètres est déjà quelque chose ; mais les travaux autrefois limités pour ainsi dire à la superficie, se sont tellement étendus en descendant que les mineurs sont habitués à regarder comme peu profonds les puits qui ne dépassent pas 100 ou 150 mètres. Suivant sa destination et l'importance de l'exploitation qu'il dessert, un puits doit offrir une *section* — entendez une surface de vide — plus ou moins considérable. Un puits

7

qui aurait un mètre seulement de diamètre intérieur, serait un puits très-étroit ; 2 mètres, 3 mètres
sont des largeurs ordinaires ; mais il en est qui vont
à plus de 4 et 5 mètres dans les deux sens. Quant à
leur forme, elle est variable. Il y a des puits ronds,
elliptiques, c'est-à-dire d'ouverture ovale ; des puits
carrés, *rectangulaires* (en carré long), à six, à huit, à
douze pans. Il est très-rare que le puits se creuse, du
moins dans toute la profondeur, au sein d'une roche
assez ferme, assez compacte pour que les parois se
soutiennent d'elles-mêmes, sans nul appui. Presque
toujours les parois du puits sont contretenues par
des pièces de charpente dont l'ensemble constitue un
boisage, en tout comparable à celui d'une galerie ;
ou bien on les revêt d'une maçonnerie, comme il se
pratique d'ordinaire pour nos puits domestiques. —
Les puits boisés ont toujours une forme carrée, rectangulaire ou à *pans coupés* ; les contours arrondis,
en voûte, appartiennent aux puits muraillés. — Un
puits principal est presque toujours creusé vertical,
rarement il est *incliné* suivant la pente du filon. De
la surface du sol il plonge jusqu'à l'étage inférieur
de l'exploitation ; les galeries des étages supérieurs y
débouchent à des hauteurs différentes, par des
arcades ouvrant sur le vide. Si plus tard on se
décide à pénétrer dans le gîte à une profondeur
plus grande, à ouvrir un autre étage de travaux en
dessous, la première chose à faire est de prolonger
le puits de la quantité nécessaire : c'est ainsi que
certains puits, successivement prolongés, ont fini par
atteindre les profondeurs extrêmes dont nous avons
parlé. Le puits doit même se creuser un peu au-
dessous du niveau des galeries du dernier étage, pour
former ce qu'on appelle le *puisard*, réservoir où s'accumulent les eaux. L'orifice du puits, la gueule de
l'abîme, s'entoure ordinairement d'un terre-plein qui
s'élève d'une couple de mètres au-dessus du sol environnant. Ce terre-plein forme ce qu'on appelle les
haldes du puits, le *plâtre* de la mine. On évite ainsi

que les eaux de la surface ne se déversent par l'ouverture, et on se ménage certaines facilités pour le service. Autrefois les puits s'ouvraient souvent à découvert dans la campagne, béants au ras du sol ; dangereuse coutume qu'on a bien fait d'abandonner. Un puits doit toujours être couvert, ne fût-ce que d'un simple hangar, lequel en outre abritera les travailleurs et les divers appareils installés à l'orifice.

Fonçage d'un puits. — Le creusement, ou comme on dit, le *fonçage* d'un puits est une opération considérable, toujours longue et dispendieuse, parfois entourée des plus graves difficultés. Dans les conditions normales, le travail en lui-même est simple. Simple, mais lent et pénible. Les *puisatiers*, descendus au fond de l'excavation par des échelles disposées en étages, attaquent la roche au pic, à la pioche, forent des coups de mine. Mais l'espace étant très-restreint, on ne peut faire travailler à la fois qu'un petit nombre d'ouvriers ; encore sont-ils gênés dans leurs mouvements. Lorsqu'un coup de mine a été foré et chargé, *amorcé* par une longue mèche, il faut que tous les ouvriers quittent le fond du puits et remontent plusieurs étages d'échelles pour se mettre à l'abri, attendant l'explosion. Les fragments de roche enlevés sont chargés à la pelle dans de petites *cuves* ou grands seaux, que l'on remonte à l'aide d'un treuil, d'une machine d'extraction quelconque. — On comprend qu'en de telles conditions le travail avance lentement. Or ce n'est pas tout. A peine est-on arrivé à la profondeur de quelques mètres, que le jour manque : il faut s'éclairer avec des lampes. D'autre part les eaux d'infiltration, suintant par toutes les fissures des parois et s'accumulant au fond, ajoutent aux incommodités de la situation. Il faut organiser un épuisement à l'aide de seaux, ou mieux à l'aide de pompes installées dans le puits ; et ce système de pompes devra se prolonger et se compliquer à mesure que les travaux iront s'approfondissant. Nous ne nous arrêterons pas à décrire l'organisation de cet épuisement, non plus que celle de l'extraction des déblais, vu qu'en somme ces services provisoires ne diffèrent de l'installation définitive que justement en ce qu'ils sont provisoires, moins importants, plus sommairement organisés, modifiés à chaque instant. Cependant quand il s'agit d'un puits large et profond il est avantageux d'établir, sur ce puits en voie de fonçage, les moteurs qui devront le desservir lorsqu'il sera achevé, et de réduire à la moindre importance possible les appareils provisoires, de nul emploi lorsque le travail est accompli.

Au delà d'une certaine profondeur l'air du puits cesse de se renouveler suffisamment par la circulation naturelle qui tend à s'établir entre l'excavation et l'extérieur. L'air épaissi par la respiration et la combustion des lampes demeure confiné au fond de la fosse ; la fumée des coupes de mine ne se dégage plus, et gêne les travailleurs. Souvent les émanations du sol, le pesant *air méphitique* des cavernes, tendent à s'accumuler au fond du puits. Ils y formeraient bientôt une couche stagnante, une atmosphère irrespirable et mortelle. Il est donc nécessaire de pourvoir à l'aérage. Un large canal, une sorte de tuyau carré en planches règne dans toute la hauteur du puits, et se prolonge à mesure que les travaux s'enfoncent ; c'est comme une sorte de cheminée, par laquelle il s'établit un tirage. Et si ce tirage ne se produit pas naturellement avec une suffisante activité, il faut y suppléer en établissant à l'orifice du puits un des appareils d'aérage que nous aurons occasion de décrire.

Notons enfin l'emploi tout récent dans le fonçage des puits de mine et le percement des galeries des machines *perforatrices à air comprimé*. Ces machines ont pour but de forer mécaniquement et avec une grande rapidité les coups de mines. Elles furent créées pour l'exécution des immenses *tunnels* qui percent les Alpes par la base : travaux gigantesques, éternel honneur du génie des temps modernes qui, au lieu de s'épuiser à élever entre les peuples de

menaçantes et jalouses barrières, leur ouvre, par ses
efforts surhumains, des communications plus faciles
à travers les murailles de montagnes que la nature
même avait dressées entre elles! Depuis, les *perforatrices mécaniques* ont été adoptées dans une cinquan-
taine des grandes exploitations minières. Nous re-
grettons que notre cadre resserré nous interdise la
description de ces appareils fort compliqués ; ils ne
sont, du reste, et ne seront d'ici à longtemps, que
très-exceptionnellement mis en œuvre.

Boisage des puits. — Tout en fonçant le puits, les
ouvriers ont soin de soutenir les parois, partout où il
est nécessaire, par des étais, des pièces de charpente
formant un *boisage provisoire.* Lorsqu'on est arrivé à
une profondeur convenable, on commence les travaux
définitifs de soutènement : boisage, ou muraillement.
Le choix entre les deux procédés peut dépendre de
bien des considérations. Le muraillement convient
aux puits de vastes dimensions et de grande importance, devant servir longtemps ; les boisages avec le
temps pourrissent, nécessitent des frais d'entretien
et de réparation. — Dans les pays où les forêts
abondent, comme au Harz, on boise tous les puits,
même les plus importants; en Belgique, où le bois
est rare et cher, on muraille en briques même
les puits de médiocre avenir. Dans certaines houillères du bassin de la Loire, on voit de fort·beaux
puits muraillés en pierres empruntées au terrain
même que traverse l'excavation. La pierre extraite
pour former le vide du puits fournit de quoi le revêtir, et les ouvriers mettent ces matériaux en œuvre
avec une habileté et une économie remarquables.

Le boisage d'un puits a beaucoup d'analogie avec
celui d'une galerie. Il se compose encore d'une suite
de cadres de charpente, superposés à intervalles réguliers, maintenant des garnissages appuyés contre
la paroi. Ici les cadres doivent être formés de très-
fortes pièces, laissées brutes dans leur longueur,
mais soigneusement ajustées à leur *assemblage.* Ils

sont ou carrés, ou rectangulaires, ou à plusieurs
pans, suivant la forme des puits. Certaines pièces du
cadre dépassent l'assemblage et font saillie au dehors ;
ces *portées* excédantes sont engagées dans des entailles profondes pratiquées dans la roche. Entre les
cadres ainsi fermement maintenus et la paroi on
chasse de forts garnissages. — Les cadres doivent
être posés à intervalles d'autant plus rapprochés que
la pression, la *poussée* des terrains est plus forte ; les
garnissages aussi sont plus ou moins serrés, suivant
la nature de la roche plus ou moins ébouleuse. En
outre de ces pièces principales, des pièces de renfort
croisées assujétissent les cadres, comme les *écharpes*
retiennent les planches assemblées d'un pan de bois.

Enfin quand le puits doit réunir plusieurs services,
il est ordinairement divisé en plusieurs compartiments par des cloisons qui règnent dans toute sa
hauteur : les pièces, dites *traverses*, qui soutiennent
ces cloisons, les planches qui les forment ajoutent
encore à la solidité, à la résistance du revêtement.
— Il y a, dans les mines de Harz surtout, de magnifiques boisages, immenses charpentes savamment
combinées qui se prolongent sur des profondeurs de
500, 600, 700 mètres, et sont dignes d'être admirées
comme des œuvres imposantes. Je n'ai pas besoin de
dire à quels travaux, à quels frais entraînent de pareilles constructions. Au contraire, dans les terrains
qui se soutiennent bien, de petits puits auxquels suffira un léger boisage peuvent être établis économiquement. Les puits intérieurs, dits *bures, burons,
buretaux*, souvent inclinés suivant la pente du gîte,
n'offrent d'ordinaire que de faibles dimensions, et
sont soutenus par des boisages très-simples.

Muraillement des puits. — Quand un puits foncé
doit être muraillé, la première condition est de donner à la maçonnerie une assise solide sur la roche
ferme et stable. On pose donc d'abord au fond du
puits, sur le sol bien dressé, une sorte de roue ou de
cadre ayant la forme du puits, et qu'on nomme le

rouet. Ce rouet est formé de fortes pièces de chêne soigneusement équarries et ajustées. Sur le contour de ce rouet, on monte graduellement le muraillement comme si l'on bâtissait une tour, en ayant soin de bien accoler la maçonnerie à la roche, o'exercer même une forte pression contre elle. A mesure qu'on s'élève, on enlève les pièces du boisage provisoire ; celles qu'on ne pourrait enlever sans craindre de provoquer des éboulements demeureront engagées derrière la maçonnerie. Le fonçage d'un puits étant une opération très-lente, souvent on ne peut attendre que le puits ait atteint toute sa profondeur pour le revêtir de son enveloppe protectrice. Dans ce cas on muraille par *reprises*, c'est-à-dire par étages. L'excavation étant arrivée à une certaine profondeur, les ouvriers, profitant d'une couche de roc ferme et stable, laissent une *banquette*, une sorte de forte et épaisse corniche de pierre régnant autour du puits, qui se trouve ainsi rétréci à cet endroit. Sur cet appui solide on peut élever un muraillement jusqu'à la bouche du puits s'il le faut, tandis qu'en dessous le *fonçage* se continue. A quelques mètres au-dessous de la banquette le puits reprend son diamètre, la saillie de roc ayant une suffisante résistance pour supporter le muraillement. Quand on aura encore excavé une profondeur d'un étage, on élèvera de même un revêtement de maçonnerie qui viendra rejoindre, *reprendre* en dessous le muraillement déjà exécuté. De la sorte le puits peut être muraillé à mesure qu'il s'approfondit.

Puits cuvelés. — Nous venons de décrire sommairement les travaux d'exécution d'un puits dans les conditions normales, ordinaires. Mais plus d'une difficulté peut surgir. Les plus graves tiennent non pas à des roches trop dures, trop difficilement attaquables — cette rencontre ne pouvant avoir pour effet que de ralentir les travaux ; mais tout au contraire à la traversée de roches très-ébouleuses, de sables mouvants, d'argiles détrempées, surtout à l'abondance extrême et à l'énorme pression des eaux qui font de ces couches *perméables* comme de véritables filtres souterrains. Essayons de donner une idée de ces difficultés, et des moyens que l'obstination humaine a su inventer pour les surmonter. Supposons d'abord que le puits en se creusant rencontre une simple couche meuble d'argiles, de graviers, ou de sables moyennement *aquifères*. A mesure qu'on pénètrerait dans la couche, ces matières sans consistance s'ébouleraient de toutes parts, avant qu'on eût pu les soutenir par la pose du boisage, recombleraient le fond de la fosse, faisant naître de grands vides latéraux. Ici donc il faut encore avoir recours aux procédés que nous avons vu employer dans le percement des galeries en des circonstances semblables. Arrivés à la couche ébouleuse, les ouvriers posent tout d'abord à plat, au fond du puits, un très-fort cadre de boisage, semblable à ceux qui soutiennent les garnissages. Autour de ce cadre on chasse de force une série de palplanches, comme un rang de pilotis. Ces pilotis entreront sans trop d'effort, puisque le sol est meuble. On a soin de les enfoncer non pas tout à fait verticalement, mais un peu divergents, inclinés en dehors, en évasant. Supposons qu'on ait ainsi fait pénétrer jusqu'à une profondeur de 1 m. ou 1 m. 50 la rangée entière de palplanches tout autour du cadre : voilà « un boisage qui précède l'excavation ». Les parties latérales du terrain étant soutenues d'avance, les ouvriers enlèvent facilement les terres meubles à l'intérieur jusqu'au contact des palplanches qui empêchent les éboulements. Dès que cet enlèvement aura approfondi le puits de 50 ou 60 centimètres par exemple, on posera, à l'intérieur, un second cadre que l'on assemblera par pièces. Celui-ci sera aussi grand que le premier, et il aura amplement sa place, puisque le vide va s'évasant, à cause de l'obliquité donnée aux palplanches. Ce cadre assemblé et fortement assujetti, on enfoncera autour, entre lui et le garnissage de palplanches, un

autre rang de palplanches semblables et semblable-
ment divergentes, qui pénètreront dans le terrain à
50 ou 60 centimètres au delà des premières ; puis on
approfondira d'autant l'excavation. Pendant ces opérations les pompes doivent fonctionner avec activité,
pour épuiser à mesure les eaux qui filtrent abondamment à travers le terrain poreux et fissuré. En réité-
rant autant de fois qu'il est nécessaire les mêmes
manœuvres, on arrive à traverser la couche meuble
et à retrouver le roc ferme ; mais le travail avance
très-lentement, et il en résulte un retard dans le
creusement du puits. Dès que la pointe des pilotis
s'émousse contre un terrain plus ferme, on se hâte
de reprendre les procédés ordinaires de fonçage.

Une telle rencontre est le cas le plus fréquent et le
plus simple. Mais quand la couche à traverser est
extrêmement épaisse, très-mouvante, surtout si les
eaux y affluent avec une très-grande abondance, ces
moyens deviennent inefficaces.

On est parfois obligé de creuser des puits de plus
de cent mètres de profondeur à travers des terrains
interrompus à chaque instant par des couches meubles
et inondées. En de telles circonstances un simple
boisage ou un muraillement ordinaire ne suffiraient
pas. Entre les garnissages, par les joints des pierres,
ce seraient de véritables cascades qui se précipite-
raient au fond du puits. Fût-il exécuté, il serait impossible de le maintenir à sec ; nulles pompes n'y
arriveraient. De tels cas sont ordinaires dans nos
houillères du Nord. C'est pour ces terrains difficiles
qu'on a imaginé les *puits cuvelés*. Le problème était
de revêtir le puits d'une enveloppe continue, étanche,
calfeutrée de telle sorte que les eaux ne puissent s'y
infiltrer ; assez solide pous résister à leur pression,
qui peut s'élever à plus de 100 000 kilogrammes
pour chaque mètre carré de surface des parois...
Figurez-vous comme une *cuve* de bois, un tonneau
dont les *douvelles* jointives maintiennent le liquide :
de là le nom même de *cuvelage*. Seulement ici l'eau

est en dehors, faisant effort énorme pour s'infiltrer à l'intérieur : il faut l'en empêcher. Ce n'était pas tout, de combiner la construction d'un revêtement qui, supposé mis en place, pût résister à la pression énorme : il faut l'y mettre, en place ! Or c'est là justement le difficile. Un cuvelage peut être fait en bois, en fonte ou en tôle, ou même en maçonnerie. Le puits, une fois achevé, représente donc comme un tuyau enfoncé dans le sol, et formé d'*anneaux* superposés. Quand la nature du terrain est telle qu'on peut franchir successivement chaque couche meuble par le moyen ci-avant indiqué des palplanches, appelant à son aide de puissantes machines d'épuisement, à mesure qu'une certaine épaisseur de ce terrain est traversée, on fait descendre, puis on rajuste dans le puits les pièces de *cuvelage* qui forment immédiatement un nouvel anneau ajouté à la longueur du tuyau. Pendant la pose, il est vrai, l'eau jaillit de toutes parts, les ouvriers travaillent pour ainsi dire sous une cascade... Mais les pompes jouent avec une activité extrême. On se hâte. Dès que l'anneau de cuvelage est posé, cette voie est fermée plus ou moins complétement aux eaux; on travaille alors plus à l'aise à en calfeutrer les jointures, à serrer, à l'aide de coins, les pièces contre les *cadres* qui les supportent. Cela fait, les eaux de cette couche sont arrêtées par les parois du cuvelage; on creuse plus profondément, jusqu'à la rencontre d'une nouvelle couche meuble et aquifère, contre laquelle on procédera de la même manière. De la sorte on a affaire successivement à chaque couche, source des eaux envahissantes; on peut espérer la *franchir* à l'aide de pompes puissantes : tandis qu'on n'eût pu songer à épuiser toutes ces cascades superposées se déversant librement dans le puits.

Un puits cuvelé presque toujours offre un contour arrondi, ou à petits pans coupés se rapprochant beaucoup de la forme ronde, qui est la plus favorable pour la résistance aux pressions. Quand le cuvelage est en bois, il se compose de pièces de chêne courtes et massives, d'un grand *équarrissage*; ces pièces sont choisies du bois le plus dur et le plus sain, soigneusement dressées et assemblées. Ce sont pour ainsi dire les douvelles de la cuve; elles sont taillées obliquement comme les clavaux d'une voûte. Une série de ces pièces formant le tour du puits constitue comme un cadre de charpente à pans coupés : et ces cadres sont superposés sans aucun intervalle sur toute la hauteur du cuvelage. Parfois, surtout en Angleterre, on remplace ces pièces de bois par de lourds panneaux de fonte, ou des plaques de tôle très-épaisses, fortement boulonnées. Il y a de ces puits revêtus de fer sur une hauteur de plus de 100 mètres. Nous ne pouvons décrire ici en détail les procédés et les engins à l'aide desquels on arrive à mettre en place les fortes pièces de bois ou les lourds panneaux de métal; vous devinez bien quelles difficultés peuvent rencontrer ces opérations, dans un espace resserré, quand le travail se complique de la lutte contre l'envahissement des eaux. Les pièces posées, assujetties avec des coins qui les compriment de toutes parts, il faut *faire les joints*. Le procédé employé consiste à enfoncer le long des joints des coins de bois appelés *picots*. On fait d'abord la place avec un coin d'acier tranchant que l'on nomme *agrappe*; l'agrappe retirée, on chasse dans la fente des picots de bois mou, puis des picots de bois dur; on les enfonce à coup de masses. Le *picotage* d'un joint est jugé suffisant quand l'agrappe, frappée à tours de bras avec les plus lourdes masses, *refuse d'entrer*, les fibres du bois, tassées, condensées par la pression violente, étant devenues inattaquables au fer. Eh bien, tous ces moyens si énergiques sont parfois impuissants, lorsqu'il s'agit de traverser des couches de terrain meuble très-épaisses et très-aquifères, par l'impossibilité de résister à l'invasion des eaux pendant l'assemblage des pièces du cuvelage. Que fera-t-on? On construira d'avance un tronçon de cuvelage, un peu supérieur en hauteur à l'épaisseur de la couche meuble à traverser; puis on le fera entrer de force, tout d'une pièce, dans le sol mouvant. — Imaginez, si vous voulez, un tuyau de poële qu'on ferait entrer dans du sable, et agrandissez par la pensée. Cela s'appelle une *trousse coupante*. Pour fixer les idées et rendre l'explication plus simple, supposez une couche de 10 mètres de terrains meubles, reconnus par le sondage, au fond de l'*avaleresse* en cours d'exécution. — On construit donc l'anneau de cuvelage, en tôle, par exemple; une sorte d'énorme tuyau ayant à peu près le diamètre du puits, et 11 mètres de hauteur. Les pièces sont descendues séparées; on les ajuste au fond. Le tube construit, il s'agit de le faire pénétrer. Si les eaux, qui ne pourront plus s'épancher le long des parois, mais seulement filtrer par le fond comme des sources remontantes, ne sont pas tellement abondantes qu'on ne puisse arriver à les épuiser, on monte des pompes; des ouvriers descendent au fond du tuyau, enlèvent à la pelle les sables ou les argiles délayées, jusque sous le bord tranchant de la trousse coupante, qui descend, s'enfonce de son propre poids. Lorsqu'elle refuse d'avancer, on la charge d'un poids considérable de pierres, on la contraint de s'enfoncer par la pression d'énormes vis de fer semblables à des vis de pressoir. La couche meuble traversée, le bord de la trousse coupante s'arrête contre la roche résistante qui lui succède. On achève d'enlever les déblais, on calfeutre les joints en haut et en bas du tube par des *picotages* excessivement serrés; puis on continue de foncer en attaquant la roche résistante par les moyens ordinaires. Si on ne peut épuiser les eaux, on les laisse monter dans le tube, et on enlève les sables ou les boues du fond, sous l'eau, au moyen de *dragues*, sortes de cuillers à longs manches qu'on manie d'en haut. On fait aussi des *trousses coupantes* en bois; on en fait, chose plus étonnante, en maçonnerie. Ce dernier système, assez souvent employé pour traverser une couche de terrains mouvants situés vers la superficie du sol, semble inventé tout exprès pour donner un démenti au mot de Gubetta, qu' « une tour est tout le contraire d'un puits. » Il consiste en effet à construire, à la surface, une tour qui s'enfonce dans le sol par son propre poids, à mesure qu'on la bâtit... On donne pour fondement à la maçonnerie un solide rouet de bois dont la face inférieure est taillée en coin ; et tandis que les maçons élèvent les murailles, les puisatiers, placés à l'intérieur, enlèvent les sables et les déblais, affouillant en dessous ses fondements, et font ainsi descendre tout d'une pièce le revêtement, jusqu'à ce qu'il rencontre une roche ferme où il puisse s'appuyer, prendre assise définitivement. On a parfois *enterré* ainsi à mesure de leur construction des tours de 15 et 18 mètres de hauteur — la hauteur d'une maison à 6 étages...! D'autres fois on bâtit la tour tout entière au-dessus du sol, et on la fait descendre d'une pièce dans les sables : c'est ainsi qu'on procéda, à Londres, pour les puits qui donnent accès au *tunnel* percé sous la Tamise, faisant communiquer l'une avec l'autre les deux rives du fleuve. Ces tours-puits n'avaient pas moins de 12 mètres de hauteur, et un diamètre plus grand encore.

Par le moyen des trousses coupantes, en maçonnerie ou en métal, on a pu creuser des puits dans des terrains submergés — en plein dans le lit des rivières ! — Mais imaginez-vous les difficultés, les obstacles de toute sorte, les expédients qu'il faut à chaque instant improviser en face du danger imminent, quand ces travaux, si difficiles à la surface même, il faut les exécuter au fond d'un puits déjà creusé de 100 ou 200 mètres, tout encombré d'engins, de boisages, où les lampes arrivent à peine à dissiper les lourdes ténèbres, où les eaux affluent, vous inondent, où on peut à peine se tourner dans l'étroit espace, et sous le coup de mille dangers ? — Un vieux maître mineur belge me traduisait un jour son admiration pour l'audace qui conçoit de pareilles œuvres, et l'entêtement héroïque qui les mène à bonne fin, à travers les obstacles : « Les hommes, disait-il, sont endiablés ! » Je lui répliquais par ces mines de cuivre et d'étain de la Cornouailles (Cap Land's End) dont l'exploitation se prolonge à près de 2 kilomètres sous le lit même de la mer. Les eaux qui suintent par les fissures de la roche sont salées. En certains endroits la profondeur est assez faible pour qu'en prêtant l'oreille on distingue le murmure éternel des flots, qui roulent sur la tête des mineurs. Parfois, pendant les tempêtes, les mugissements de l'Océan et le bruit sinistre des galets entre-choqués, se répercutant et grossissant de galerie en galerie, prennent des voix si étranges et de tels accents de menace, que les ouvriers s'enfuient épouvantés. Dans quelques-unes de ces mêmes mines on a osé creuser des puits dans le lit même de la mer, sur la plage que le flot envahit à chaque marée. Là, à l'heure de la marée haute, on voit les bords du puits, surélevés au-dessus du niveau des eaux par une solide construction en pierre, se dresser comme une tour isolée au milieu des vagues.

Organisation des services de l'exploitation.

Travaux d'abattage. — L'abattage, avons-nous dit, se fait en deux conditions distinctes : par le *traçage* des *galeries au massif,* et dans les tailles. Nous avons décrit sommairement, en parlant de la direction générale des travaux, la disposition de l'attaque par *galeries et piliers*, avec ou sans *dépilage* ; par *grandes tailles,* par *gradins droits, renversés, couchés, longs massifs* : nous n'y reviendrons pas. C'est du travail des ouvriers dans la taille qu'il nous reste à dire quelques mots. L'aspect des tailles et les conditions du travail diffèrent beaucoup suivant la puissance et l'inclinaison du gîte. S'agit-il d'une couche à peu près horizontale, moyennement épaisse ? les vides pratiqués auront évidemment une forme surbaissée, le toit formant une sorte de plafond bas sur la tête des ouvriers. Est-ce une couche peu puissante et très-inclinée, presque verticale ? Il est évident que les évidements pratiqueront des espèces de couloirs, hauts, étroits, plus ou moins obliques; tandis que si la puissance du gîte est considérable, les chantiers pourront offrir l'aspect de hautes et longues tranchées ou de vastes excavations voûtées, soutenues par de massifs piliers. — Dans tous les cas il faut que les mineurs puissent circuler dans la taille. Si donc la couche *horizontale* n'a pas hauteur d'homme, si la couche inclinée ou le filon n'ont pas une largeur suffisante pour qu'on puisse s'y glisser, il faut que le mineur abatte non-seulement le minerai et la gangue s'il y en a, la matière qui constitue le gîte, enfin, mais en outre une certaine épaisseur de la roche stérile, au toit ou au mur, pour élever ou élargir le vide.

Le *front* d'abattage se présente au mineur, suivant les cas, ou comme un mur vertical ayant à peu près hauteur d'homme, ou comme un escalier (gradins droits) ou comme un escalier vu en dessous (gradins renversés). L'ouvrier marche sur un sol qui est le *mur* de la couche, sur le minerai ou sur des remblais; aux gradins droits il est posé sur le degré horizontal; aux gradins renversés, pour les degrés supérieurs il monte le plus ordinairement sur un échafaudage mobile qu'on nomme *chevalet*. C'est contre la paroi verticale qu'il déploie ses efforts.

Dans les mines métallifères, d'ordinaire les minerais et plus encore les gangues sont des matières dures : le quartz surtout est rebelle. Il faut avoir recours à la poudre. Mais dans les chantiers souterrains où il importe de ne pas susciter d'ébranlements violents qui pourraient produire des éboulements, on n'emploie ordinairement que de petits coups de mine. A l'aide d'un pic aigu, de la pointerolle, le mineur entaille une rigole, un *havage* qui a pour but d'affaiblir la roche; et il place au-dessus de petits coups de mine, qui portent en *rabattant*. Souvent le mineur entaille son havage ou place ses coups de mine dans la roche stérile, moins récalcitrante que le filon lui-même; et alors le filon et la gangue sont entraînés dans le rabattage, qui emporte aussi une certaine épaisseur du toit ou du mur. On emploie beaucoup aujourd'hui la *dynamite* dans les tailles au lieu et place de la poudre. — Il est bien évident que les coups de mine offrent ici les mêmes dangers qu'à l'air libre, encore augmentés par la gêne qu'apporte le manque d'espace; il faut donc redoubler de précautions.

Les minerais en grandes masses compactes, comme les minerais de fer, le sel gemme, nécessitent aussi l'emploi d'une substance explosive; au contraire, les matières tendres, telles que la houille, peuvent être abattues simplement à l'aide du pic. Lorsqu'il s'agit de celle-ci, les usages auxquels on la destine exigent que l'on fasse le moins possible de petits fragments, de ces *menus* qui n'ont qu'une faible valeur. Le mineur, après avoir creusé, soit dans la houille même, soit, ce qui vaut mieux, dans la roche stérile, en dessous de la couche, un profond havage, fait ébouler la paroi entamée, en tâchant de la disloquer en gros fragments; ou produit le rabattage du bloc *souschevé* par de petits coups de mine placés vers le toit. Dans beaucoup de houillères le travail est divisé : il y a un poste de *haveurs*, qui viennent creuser les entailles, et auxquels succède un poste de mineurs rabattant le charbon.

Une condition qui rend l'abattage incommode et pénible, est celle d'une couche peu inclinée et d'une faible puissance : 40 ou 50 centimètres, par exemple. Le vide produit par l'enlèvement d'une telle couche forme évidemment une entaille serrée où l'ouvrier est obligé de se glisser de côté, de ramper entre toit et mur. Il a beau entamer un peu le toit et le mur pour élargir l'entaille : on ne peut pousser au-delà d'une certaine limite ces procédés onéreux. Et pourtant peut-on se résigner à laisser là le combustible inestimable, la précieuse veine métallique? Le mineur pénètre donc dans la fente oblique; couché sur le flanc, avec son pic à long manche il sape au fond de l'entaille, arrache et fait glisser au-dehors la houille ou le minerai. Cette position, qu'il lui faut garder pendant une bonne partie de la journée, a fait donner à ce genre de travail le nom expressif de travail à *col tordu*. C'est plus qu'incommode ; et pourtant les ouvriers s'y habituent encore assez facilement... tant la pauvre machine humaine, d'apparence si frêle, a encore en soi de ressources et de résistance vitale !

Il nous reste, pour en avoir fini avec les procédés d'abattage, à rappeler l'emploi du feu, communément usité dans l'antiquité, aujourd'hui délaissé presque universellement. Dans certaines mines de Norwége, cependant, en Hongrie, au Rammelsberg (Harz), à Altenberg (Saxe), contre des roches très-tenaces on applique encore le feu. Le bois est disposé sur des grilles de fer, de telle sorte que les flammes lèchent la paroi du rocher. Les ouvriers allument leurs bûchers dans toute la mine le samedi soir, en quittant les travaux. Cette nuit et le dimanche suivant la mine est inabordable ; on voit la fumée sortir par les puits, comme par autant de cheminées. Mais le lundi matin tout est consumé ; la fumée s'est dégagée, entraînée par un vif courant d'air, quand les ouvriers viennent reprendre leur tâche. Souvent ils trouvent la roche encore brûlante ; ils la refroidissent en l'arrosant de vifs jets d'eau froide, ce qui achève de la désagréger. On attaque alors la paroi avec les outils, en introduisant leur pointe acérée dans les fissures produites par l'action du feu.

Boisage des tailles. — A mesure que le travail avance dans les tailles, les boiseurs viennent planter les étais pour soutenir provisoirement le toit derrière les mineurs. — Ainsi, par exemple, s'il s'agit d'un massif découpé dans une couche à peu près horizontale et exploité suivant la méthode des *grandes tailles* (figure page 79) les étais plantés forment des *lignes de boisage*, comme une colonnade parallèle au front de taille. Entre la dernière ligne du boisage posée et la taille circulent et travaillent les mineurs.

8

Les bois sont de simples troncs de 15 à 30 centimètres de diamètre suivant les cas, et ayant pour hauteur la *puissance* même de la couche, du toit au mur. On les assujettit en place à l'aide de coins de bois chassés à grands coups de masse. — La matière rabattue ayant subi, au pied même de la taille, un premier triage, les remblayeurs s'emparent aussitôt du déchet, du *stérile,* pour en construire, en arrière de la double ou triple ligne de boisage, ces massifs, ces piliers, ces murs dont nous avons parlé, et qui progressent, gagnent en avant à mesure que la paroi d'en face recule, sapée par le pic du mineur.

Quand, avançant ainsi, le massif de remblayage atteint à une rangée de bois, on enlève un à un ces étais en les *décalant,* c'est-à-dire en desserrant les coins ; ce qui peut se faire sans danger aucun, vu que le massif ou les piliers de remblais appuient maintenant le toit à cet endroit. Les bois enlevés vont être reportés en avant, et serviront à former une nouvelle ligne, rendue nécessaire par le progrès de l'abattage. — Dans les travaux *par gradins couchés* (voir figure page 80) on suit pour le soutènement les mêmes principes ; seulement les colonnades de boisage progressent, comme les massifs de remblai et l'abattage lui-même, en ligne brisée (figure page 81). — Mais c'est surtout pour le *dépilage,* dans la méthode par galeries et piliers avec éboulement, qu'il faut s'entourer de toutes les précautions.

A mesure qu'on sape le pilier, une forêt serrée de puissants étais se dresse, pour le remplacer dans sa fonction de soutènement. La masse abattue, on procède à l'enlèvement des étais eux-mêmes, toujours en commençant par la ligne la plus éloignée. Des cordes ont été attachées au pied des étais à abattre. Après avoir desserré les coins autant qu'il se peut sans danger, les ouvriers se retirent derrière les autres lignes. Alors, en face du « bois » qu'il s'agit de mettre bas, on suspend horizontalement, comme un *bélier* antique, une longue poutre à l'aide de cordes ; puis du choc de cette poutre, on heurte violemment le poteau. Il s'abat ; on le ramène à l'aide des cordes. À mesure que les lignes d'étais sont enlevées, l'éboulement suit à quelque distance en arrière. On entend les roches se fendre ; puis la masse s'affaisse, s'écroule avec un sourd fracas. Une secousse ébranle le sol ; quelques étais isolés, qu'il avait été impossible d'abattre, et qu'il a fallu abandonner, ploient, et se rompent avec d'affreux craquements. Si l'écroulement tardait trop il faudrait le provoquer ; sans quoi le toit, après s'être soutenu sur une trop grande étendue, s'affaisserait tout à coup, et pourrait, par sa chute subite, occasionner des accidents.

Dans les couches et les filons fortement inclinés, les étais, allant du toit au mur, se trouvent placés presque horizontalement. Les boisages des tailles ont à supporter non-seulement la pression qui tend à refermer la fente évidée, mais en outre le poids des remblais accumulés : ces boisages destinés à rester en place, doivent avoir une solidité très-grande. Ces *potelles*

Galerie sous remblais.

ou *poutrelles* sont donc engagées par leurs deux extrémités dans de profondes entailles pratiquées dans le rocher, et serrées par des coins chassés à grand effort ; souvent aussi ils sont renforcés vers le milieu par des pièces obliques formant *contre-étais*, et prenant aussi leur point d'appui sur la roche des parois. D'autres fois, la charge des remblais entassés pour recombler le vide de la fente est soutenue par une voûte plus ou moins oblique, bandée d'un côté à l'autre, du *toit* au *mur*. Dans l'un et l'autre cas le vide ménagé au-dessous forme un couloir que l'on utilise pour la circulation, une *galerie sous remblais*.

Organisation des transports. — Le minerai abattu, il faut le transporter au jour. Dans les anciennes mines souvent le transport se faisait à dos par des *porteurs*, qui, courbés sous la charge, longeaient les tailles, se glissaient par d'étroites et tortueuses galeries, remontaient par de longues et raides *fendues*, ou même par des échelles. Mais ce moyen, primitif jusqu'à la barbarie, est délaissé à peu près partout aujourd'hui, chez les nations civilisées. Dans toute mine convenablement aménagée il existe une organisation régulière de *roulage* souterrain, complétée d'un système d'extraction par le puits, si les galeries de roulage elles-mêmes n'aboutissent pas au jour. Les voies principales de transport sont évidemment les *galeries de direction*, avec les traverses qui les rattachent au puits. Dans un étage d'exploitation, c'est toujours la galerie d'allongement *inférieure* qui sert au transport des matières abattues dans cet étage. La raison en est simple. Le perçage des *bronchayes* et autres voies transversales, la marche de l'abattage dans les tailles, procèdent toujours en montant : nous avons dit pourquoi. Il serait donc onéreux, gênant, presque impossible de faire remonter les matières abattues vers la voie supérieure de l'étage. Si la pente du gîte est très-forte, les voies transversales qui réunissent la galerie supérieure à la galerie inférieure sont de véritables *puits inclinés*. Les minerais abattus et triés dans la taille sont alors simplement jetés à la pelle dans la bouche béante de ce puits qui s'ouvre à l'extrémité de la taille, ou dans des *cheminées* qu'on a ménagées à travers les massifs de remblai. La matière s'écroule par son propre poids, à travers l'étroit couloir : elle arrive au bas, à l'ouverture qui débouche dans la galerie de direction inférieure. C'est là que les *chargeurs* viennent l'enlever à la pelle et la charger dans les chariots amenés en face. — Quand la pente des descenderies n'est pas assez raide pour que la matière abattue y glisse direc-

tement, on a alors recours au mécanisme du plan
incliné automoteur, précédemment décrit. Quand le
gîte exploité est une couche horizontale, les voies
transversales se trouvant de niveau aussi ou à peu
près, la chose se simplifie : les galeries qui aboutissent aux tailles, les passages même qui longent les
tailles deviennent des voies de roulage.

Le transport par les galeries horizontales se fait,
soit à l'aide de brouettes, soit à l'aide de chariots
plus ou moins perfectionnés. La brouette est une
sorte d'intermédiaire entre le *portage* et le *roulage*,
puisque l'ouvrier qui la pousse doit soutenir une
partie du poids. On l'emploie cependant assez souvent
dans les tailles, ou pour de faibles parcours. Mieux
valent certainement les chariots à quatre roues. Ceux-
ci sont ordinairement traînés par des hommes qui
s'y attèlent au moyen d'une courroie, d'une sorte de
bricole. Souvent un *pousseur* — un enfant — vient en
aide au *traîneur*. Dans certaines mines où le sol est
très-glissant, on supprime les roues ; on les remplace
par des espèces de *patins*, bandes de fer sur lesquelles
glisse le chariot ainsi transformé en *traîneau*. Le
tirage des lourds chariots aux roues basses sur le sol
inégal et rocheux des galeries, est fort rude ; on est
obligé de ménager la charge, ce qui revient à aug-
menter, pour une masse donnée de matière transportée, le personnel, les frais. De plus si le sol toujours humide des galeries n'est pas d'un roc très-
solide, il se broie, se défonce d'ornières profondes :
une boue collante embourbe brouettes et chariots. On
obvie plus ou moins à cet inconvénient en étendant,
sur le sol de la galerie, des planches posées bout à
bout, où le rouleur fait passer la roue de sa brouette
et pose ses pieds. C'est une première amélioration.
De là à l'emploi des *chemins de bois* mieux établis il
n'y a qu'un pas. Des *longrines* de bois posées sur
deux lignes parallèles sont fixées sur les soles des
cadres du boisage : sur ces deux *rails de bois* roulent
les roues des chariots. Le mouvement est beaucoup

plus doux; la charge transportée, avec un moindre effort, est plus considérable, le trajet bien plus rapide. Les chemins de bois ont été et sont encore très-usités en Allemagne; on y fait rouler de petits chariots que les ouvriers appellent *chiens de mine*. Mais aujourd'hui que l'industrie fournit le fer en abondance et à bon marché, il y a avantage à substituer à ces chemins de bois qui s'usent vite et pourrissent, de petits *chemins de fer*. Leurs rails, étroites bandes de fer placées de champ, sont fixés à l'aide de coins de bois dans de simples entailles pratiquées en des *traverses* espacées de mètre en mètre le long de la galerie. La voie, d'un rail à l'autre, est le plus ordinairement large de 60 à 80 centimètres. Les petits wagonnets bas qui y roulent ont des roues en fonte dont le contour est profondément creusé en gorge de poulie, embrassant le rail des deux côtés pour retenir le chariot sur la voie. Quand le roulage est fait à force d'homme, le *matériel roulant* et la voie elle-même ont de faibles proportions; mais, dans les mines où l'exploitation est très-active et bien organisée, on trouve de grands avantages à employer des chevaux : la voie est alors plus large, les wagonnets plus grands, et on en accroche plusieurs à la suite les uns des autres, formant ainsi de véritables trains. — Lorsque les chariots peuvent être amenés directement au dehors, les galeries de roulage se raccordent à une galerie principale débouchant à l'extérieur et qui souvent alors est à *double ou triple voie*. Sinon, les voies de roulage convergent vers le puits d'extraction.

C'est surtout dans les houillères, où le travail est très-actif, que le roulage est largement organisé, et qu'on peut voir la mise en œuvre de tous les perfectionnements dont nous venons de parler. La *traction* est ordinairement faite par des chevaux. Ces patients auxiliaires du travail humain sont toujours bien traités et ménagés dans les mines. Leur écurie est située près des puits en un lieu bien aéré. Ils s'habituent beaucoup mieux que l'homme au séjour souterrain, à l'obscurité ; leurs yeux acquièrent vite une sensibilité qui leur permet de voir dans l'ombre, ou du moins avec une très-faible lumière, comme les chats.... Si la mine n'a pas de galerie ouvrant à l'extérieur, les chevaux sont descendus par le puits, suspendus au câble, et avec les plus grandes précautions. Ils arrivent ahuris, étrangement effrayés de l'étonnant voyage qu'ils viennent de faire ; mais ils se remettent bientôt. Les chevaux ainsi descendus sont destinés à ne plus revoir le jour ; ils vivent et meurent dans la mine.

Extraction et circulation.

L'extraction par les puits se fait au moyen de *vases* de diverses formes, le plus ordinairement de *bennes* ou tonnes semblables à de grands seaux, qui montent et redescendent alternativement, suspendus aux extrémités de longs câbles. Ce n'est que pour une très-minime extraction, ou pour les travaux préparatoires, lorsqu'on n'a pas encore eu le temps de s'organiser plus largement, qu'on peut employer, pour remonter de petites bennes, un treuil à engrenages mû par des hommes, ou une de ces *roues de carrières* que nous avons décrites. Une exploitation tant soit peu active doit avoir au moins un *manége*.

Tout le monde sait ce que c'est qu'un manége : un *arbre* ou essieu vertical en bois porte deux ou quatre longs bras s'étendant horizontalement ; à l'extrémité de ces bras on attèle des chevaux, qui, marchant en rond dans l'étroite piste du manége, font tourner l'arbre vertical. Voyons maintenant comment on dispose la machine pour s'en servir à l'extraction. Les bennes sont toujours suspendues deux par deux, de telle sorte que l'une monte tandis que l'autre descend, et réciproquement, de même que les deux seaux dans nos puits domestiques. Au-dessus donc de l'orifice du puits, sur une charpente appelée *chevalet*, sont disposées deux grosses poulies de renvoi : ce sont les *molettes.* Le câble qui soutient l'une des bennes passe sur la molette correspondante, et se repliant horizontalement s'enroule autour d'un gros cylindre vertical de bois, semblable à un tonneau, faisant corps avec l'arbre du manége, et que l'on nomme *tambour*, par allusion à sa forme. L'autre câble passe de même sur l'autre molette, et vient aussi s'enrouler sur une partie différente du même tambour, mais *en sens contraire*. Il suit de là que si les chevaux sont mis en marche, le tambour, tournant avec le manége, enroulera l'un des câbles, tandis que l'autre se déroulera ; l'une des bennes montera, l'autre descendra. Veut-on maintenant produire le mouvement inverse des bennes? On fait *retourner*, tête pour queue, les chevaux du manége, et on les fait marcher en sens contraire. Le câble qui tout à l'heure s'enroulait se déroulera, et réciproquement... C'est là un mécanisme d'une simplicité toute primitive : aussi est-il employé dans les mines depuis un temps immémorial. Mais dans une grande exploitation, lorsque les bennes doivent avoir une vaste capacité et un poids très-lourd, descendre à des profondeurs considérables et se mouvoir avec rapidité, le manége à 2, 4 ou même 6 chevaux ne saurait suffire ; il faut une puissante machine à vapeur. — Voyons maintenant comment se fait la manœuvre de l'extraction dans le cas le plus simple.

A chaque étage d'exploitation la galerie de roulage qui débouche dans le puits s'élargit et forme une petite salle que l'on appelle la *chambre d'accrochage*. Une arcade cintrée, aussi large que possible, lui donne ouverture sur le puits. C'est là que sont amenés les sacs, corbeilles ou chariots remplis de houille, de minerai. Il s'agit de verser leur contenu dans les bennes. Supposons qu'une benne descende vide : elle arrive en face de la galerie où elle doit être chargée ; les accrocheurs avertissent par un cri ou un coup de sonnette les hommes du dehors, qui du reste étaient prévenus. La machine, manége ou machine à vapeur, s'arrête. Les ouvriers, à l'aide de crocs emmanchés au

bout de longues perches, semblables aux *gaffes* des
marins, accrochent la benne suspendue dans le puits
en face de l'ouverture, et la tirent vers eux, la font
entrer dans la chambre où elle se pose. Un ouvrier
alors la décroche, en *démaillant* des trois crochets
de la benne la triple chaîne qui prend au câble. Cela
fait, il *remmaille* les mêmes chaînes aux crochets d'une
autre benne qui est là, remplie et attendant. Un
cri pour signal, et le manége se met en marche, lentement d'abord. La benne pleine est enlevée; mais
comme elle était posée hors de l'*axe* du puits, en côté,
à l'orifice de la chambre d'accrochage, si on la laissait
partir librement, à peine soulevée elle irait, en se
balançant, heurter rudement la paroi opposée du
puits. Les accrocheurs donc, avec leurs gaffes, avec
des cordes, la retiennent un peu au départ, pour
l'empêcher de se balancer trop fort, la guident autant
que possible pendant les deux ou trois premiers mètres
de montée. Puis elle leur échappe et continue son
mouvement d'ascension avec une vitesse plus grande.
Pendant ce temps une benne vide est remplie. On y
déverse le contenu des chariots, wagonnets ou chiens
de mine, tantôt en faisant basculer le chariot lui-
même, tantôt en levant une paroi mobile formant
porte à l'arrière, ainsi qu'on le voit pratiquer aux
terrassiers déchargeant leurs tombereaux.

Arrivée à l'orifice du puits, la benne doit être
déchargée ou changée. Autrefois, quand les bennes
avaient une faible capacité, on se contentait de les tirer
un peu en dehors, et de les faire basculer de manière
à verser leur contenu dans un chariot placé au bord
du puits. Cette manœuvre était mauvaise et périlleuse;
à chaque instant des morceaux de minerai retom-
baient dans le puits. Presque partout aujourd'hui le
puits d'extraction est couvert d'une double trappe.
La benne montante soulève elle-même la trappe, qui
retombe derrière elle. Un chariot, qui doit recevoir
la charge, avance sous la tonne : ses roues portent
sur des rails posés des deux côtés de la trappe, et non

pas sur elle. Un ouvrier accroche alors à un crochet
fixé au fond de la benne une chaîne pendante au
chevalet. Un petit mouvement de recul du manége
fait redescendre la benne, qui, retenue par le fond,
se renverse progressivement. Deux pas en avant, et
la benne se redresse. La chaîne du fond est décrochée,
la trappe ouverte, et la benne peut librement redescendre. D'autres fois on remplace le fond fixe de la
tonne par un fond mobile retenu par un fort crochet
de fer ; la benne étant suspendue au-dessus du chariot,
on chasse le crochet ; le fond tombe, s'ouvre comme
une trappe, et le contenu de la tonne s'écroule. Un
procédé plus commode et plus avantageux consiste
à faire redescendre doucement la benne sur le chariot,
la décrocher, et accrocher en sa place une autre benne
amenée vide sur le chariot. Les chevaux, habitués à
ces manœuvres, obéissent à la voix ; on dirait qu'ils
ont l'intelligence des mouvements à exécuter. Une
machine à vapeur, sous la main du mécanicien, peut
accomplir avec plus de précision encore ces évolutions
en avant et en arrière, nécessaires pour l'enlèvement
et le déchargement des bennes.

Mais ne pourrait-on simplifier encore ces manœuvres, éviter tous les transbordements? On réalise une
simplification, une économie de temps et de main-
d'œuvre, en se servant des mêmes *vases* pour le roulage à l'intérieur et l'extraction par le puits. Cela se
peut faire de deux manières. Ou c'est la benne elle-
même, la tonne ronde que l'on décroche du câble et
qu'on pose sur une plate-forme à roues, représentant
un chariot sans bords. La benne est ainsi amenée vide
aux tailles, remplie, puis traînée vers le puits, accrochée de nouveau au câble qui l'enlève. D'autres fois,
tout à l'inverse, c'est le wagonnet de roulage ordinaire qui, arrivant des tailles par la galerie, est saisi,
accroché au câble, en lieu et place de benne, remonté à
la surface. Arrivé au jour, on le fait passer sur les
rails d'un petit chemin de fer extérieur, par lequel
on le traîne au lieu où il doit être déchargé définitive-

ment : cela fait, on le ramène vide vers le puits. Les mêmes wagonnets font le roulage souterrain, le montage et le transport à l'extérieur, puis reviennent vides devant les tailles.

Disposition des machines modernes pour l'extraction. — Dans les grandes exploitations l'extraction est organisée sur une vaste échelle. La machine motrice est toujours une *roue hydraulique* puissante, ou une machine à vapeur de 15, 25, 50 chevaux ; il y en a qui atteignent la force de 100 et 150 chevaux. Tout l'appareil s'agrandit en proportion. Le poids à soulever étant très-considérable, la profondeur parfois extrême, les câbles sont énormes; *plats*, et non plus ronds, formés de plusieurs câbles ronds plus petits, assemblés parallèlement et *laminés* ensemble. Cela ressemble à un gigantesque ruban, qui a parfois 400 ou 500 mètres de longueur et plus, 15 à 20 centimètres de largeur, et pèse de 5 à 8 kilog. par mètre de longueur : c'est-à-dire qu'un câble de 500 mètres pèsera environ 3500 kil. Ces câbles sont faits du meilleur chanvre; on en fait aussi en fils de fer tressés. Les *molettes* (poulies de renvoi) prennent la forme de grandes roues de fonte de 2 à 3 mètres de diamètre, ayant leur contour creusé d'une large et profonde gorge de poulie, destinée à recevoir et maintenir le câble plat. Le *chevalet* qui les supporte forme au-dessus du puits une haute et puissante charpente, s'élevant jusqu'à 15 et 18 mètres. Cette construction sert alors à double fin : elle est en même temps le support des molettes et la charpente du bâtiment qui couvre le puits. Le rouleau sur lequel s'enroule et se déroule le câble n'a plus la forme allongée du *tambour*. On lui donne le nom de *bobine* : mais c'est une bobine extrêmement étroite, puisqu'elle n'a que la largeur d'un seul tour de câble. Imaginez deux roues de voiture juxtaposées, enfilées sur le même essieu, de telle sorte que leurs moyeux se touchent; supposez encore que ces deux roues fassent corps l'une avec l'autre. Les deux bouts des moyeux qui se touchent, forment, n'est-ce pas, un cylindre plein, peu épais et étroit; l'espace compris entre les deux roues figure comme une gorge de poulie très-profonde, étroite et toute à jour. — Vous avez l'idée de ce que c'est qu'une *bobine* d'extraction. C'est un *rouleau* qui n'a que la largeur du câble, et auquel est accolée de chaque côté une grande roue légère. Les tours de câble, au lieu de s'enrouler l'un à côté de l'autre comme sur le treuil d'une chèvre, comme sur le tambour du manége, s'enroulent l'un sur l'autre, se superposent. A mesure donc que la benne monte, les épaisseurs de câbles superposées sur la bobine s'accumulent rapidement, augmentent le diamètre d'enroulement. Les deux grandes roues placées à droite et à gauche entre lesquelles le câble a juste son passage, servent de guides, et leurs rayons soutiennent les tours superposés de câble, qui sans cela *décapleraient* en se déversant d'un côté ou de l'autre. Comme il y a deux bennes à faire mouvoir, il y a nécessairement deux bobines, fixées sur un même gros *arbre* (essieu) de fer, mis en mouvement par la machine motrice. Les câbles y sont accrochés en sens contraire, de telle sorte que l'un se déroule tandis que l'autre s'enroule.

Cette condition d'enroulement superposé qui augmente le diamètre de la bobine à mesure que la benne monte et le diminue à mesure qu'elle descend, a pour but de régulariser l'effort de la machine. En effet, quand le câble de l'une des bennes est totalement déroulé, son poids, qui est considérable, s'ajoute au poids de la benne : mais alors le diamètre d'enroulement est moindre, et pour une même marche de la machine, la benne prend une moindre vitesse; ce qui exige moins de dépense de force de la part du moteur. Au contraire, quand la benne arrivant vers le haut de sa course a peu de câble pendant à ajouter à son poids, tandis que le poids de l'autre câble déroulé tend à décharger le mécanisme et à entraîner le mouvement dans le même sens : alors le câble de la benne montante s'enroule sur une bobine dont le diamètre se trouve augmenté de tous les tours superposés; sa vitesse est plus grande, et utilise toute l'énergie motrice. On arrive ainsi à rendre plus égale la force demandée à la machine. Celle-ci n'en a pas moins besoin d'être très-puissante à la fois et très-docile. Très-puissante, car elle doit pouvoir enlever une charge de 5000, de 10000 kilog. avec une vitesse de 2 à 3 mètres par seconde; de telle sorte, par exemple, que d'un puits de 500 mètres de profondeur la benne puisse être remontée en moins de 3 minutes. — Très-docile : elle doit pouvoir à volonté et *instantanément*, ralentir ou accélérer son mouvement, s'arrêter, repartir, marcher en avant et en arrière; et cela, avec une telle précision, et d'une obéissance si facile, que le mécanicien puisse la mener pour ainsi dire du bout du doigt.

Bennes et cages guidées. — Les appareils d'extraction réclamaient d'autre part d'importants perfectionnements. Représentez-vous, pendante dans le puits, au bout d'un immense câble de 400 ou 500 mètres de longueur, la benne, comme un grain de plomb au bout d'un fil. Il est impossible d'éviter que cette benne, en montant, ne prenne parfois un mouvement d'oscillation. Ce mouvement peut aller jusqu'à se heurter à la paroi du puits; et alors il peut arriver que la benne s'accroche à quelque pièce saillante des boisages, rompe le câble ou se renverse. Puis, tandis que cette benne monte, l'autre descend. Il vient un moment où elles se rencontrent, se croisent. Sans doute le puits est fait pour laisser passer les deux bennes; mais c'est un peu juste, le passage est étroit. Si l'une oscille, à la rencontre elles peuvent s'accrocher, tout au moins se heurter. Du coup une des bennes peut être renversée, ou brisée, vidée dans le puits; elle peut être décrochée du câble; ou bien le choc l'enverra frapper violemment la paroi, et avec la vitesse qu'elle a, rebondissant d'un côté à l'autre, se jetant à travers les boisages, elle peut occasionner mille accidents. Toujours le moment de la rencontre des tonnes est un moment périlleux. Le mécanicien qui sait à quelle hauteur elle doit avoir lieu, ralentit considérablement la vitesse pour ce moment critique : le danger est diminué, non pas évité. — Et notez bien que ce danger est d'autant plus sérieux que la vitesse est plus grande, le puits plus profond, l'extraction plus active. La question, en soi très-importante, prend un caractère impérieux si, comme bientôt nous le verrons, les ouvriers doivent circuler par le puits. Pour obvier à ces périls, on a imaginé le *guidage*. Le long du puits règne dans toute la hauteur, solidement assujettie aux parois, une double *coulisse* en bois. Un cadre de bois, suspendu à l'extrémité du câble, est engagé entre les deux *coulisseaux*, par lesquels il est *guidé* dans son mouvement d'ascension et de descente, comme par des « rails verticaux ». A ce cadre, on accroche la benne par une chaîne de fer : de la sorte elle ne peut osciller ; l'autre benne étant guidée de la même manière par une autre coulisse de l'autre côté du puits, tout balancement, tout heurt, toute *rencontre* est impossible, et la plus grave chance d'accident est écartée. On peut suspendre au cadre guidé non pas une benne seulement, mais deux, trois, quatre, accrochées les unes sous les autres, en chapelet : on peut y suspendre également les wagonnets, les *berlines* que l'on veut faire monter directement à la surface. — Cette dernière pratique conduisit à inventer les *cages guidées*. Imaginez une cage rectangulaire en charpente, comme une énorme cage à poulets, maintenue, guidée entre deux coulisseaux établis parallèlement sur toute la hauteur du puits. Sur le plancher inférieur on peut poser, suivant les dimensions, une berline, ou deux côte à côte. On fait ainsi des cages à deux étages, où l'on peut mettre quatre berlines, d'autres même à 4 étages qui en portent 8. — La cage est suspendue au câble. Supposez-la arrêtée dans le puits, en face d'une *chambre d'accrochage*. Elle repose sur de forts *taquets* ou verrous de fer qui la soutiennent de telle sorte que son plancher soit juste

Chargement d'une cage guidée.

au niveau du sol de la galerie ; on y roule une, deux berlines. Si c'est une cage à deux étages, les berlines étant posées sur le plancher supérieur, la machine, à un signal donné, soulève la cage de 1ᵐ 50 environ, et le plancher de l'étage inférieur arrive à son tour au niveau du sol. Les berlines en place, au coup de sifflet ou de sonnette, le machiniste met l'appareil en mouvement. La cage arrive à l'ouverture. Là un mécanisme nommé *clichage* l'arrête et la soutient, de telle sorte que son plancher affleure juste au niveau du sol de la *halde*; on pousse la berline pleine, qui quitte la cage, s'engage sur les rails d'un petit chemin de fer extérieur : on en roule une vide à sa place. On procède ainsi successivement pour chaque étage s'il y en a plusieurs. La cage posait sur les forts *taquets* du *clichage*, qui la fixaient comme des verrous; en pressant un levier, le *clicheur* retire les taquets; la cage redevient libre; et la machine se mettant en mouvement en sens inverse, elle redescend, toujours maintenue entre ses guides, emportant ses berlines vides, tandis que l'autre cage montera à son tour.

Un seul danger de chute subsistait, la rupture subite du câble : accident qui n'est pas rare, du reste. Pour obvier à ces périls, on a récemment imaginé les *parachutes*. Deux puissantes griffes d'acier sont disposées de telle sorte que, si le câble se rompt, d'elles-mêmes elles viennent s'enfoncer profondément, avec une énergie irrésistible, dans le bois des coulisses du guidage, arrêtent la chute, retiennent la cage suspendue sur l'abîme, si lourde que soit la charge. Ces perfectionnements aujourd'hui adoptés dans un grand nombre de houillères permettent de faire circuler sans danger les ouvriers par les puits : chose qui jusque-là avait été si périlleuse.

Circulation des ouvriers. La question de l'extraction ne peut être séparée de celle de la circulation des ouvriers. Si la mine communique au dehors par des galeries pouvant donner accès aux mineurs, rien de plus simple. Ils auront simplement à se garer, dans ces étroits et sombres [couloirs, de la rencontre d'un chariot, d'un train de wagonnets; il y a bien juste de quoi laisser passage, en s'effaçant contre la paroi. Ils auront à se défier des trappes des puits intérieurs qu'on pourrait avoir laissées ouvertes. Mais très-souvent les mineurs n'ont pour descendre et remonter d'autre passage que le puits. Or, le puits est une voie périlleuse, surtout avec les anciens moyens de circulation. Le plus simple et le plus sûr, le meilleur à tous égards, quand le puits n'est pas profond, ce sont les *échelles*. Il doit toujours y avoir un *puits aux échelles*, ou tout au moins un compartiment spécial dans le puits. Celles-ci sont aussi très-bien placées dans le puits des pompes; mais elles doivent toujours être séparées de la voie d'extraction. Ces échelles sont, ou appliquées verticalement contre la paroi du puits, ou, ce qui vaut mieux, posées obliquement, en zig-zag. A chaque hauteur de 6 à 10 mètres il y a un petit palier de repos; en sorte que les échelles sont disposées par étages. Même quand il y a une autre voie d'accès, ou quand les ouvriers descendent par les machines, le puits doit toujours avoir ses échelles; elles serviront en cas d'accident, en cas de chômage de la machine. D'ailleurs il faut qu'on puisse visiter le puits, les pompes : pour tous ces services les échelles sont dans tous les cas indispensables. Mais en tant que voie ordinaire de descente et d'ascension, les échelles perdent tous leurs avantages et présentent les plus graves inconvénients dès que le puits dépasse 50 ou 100 mètres. Vous imaginez-vous ce que c'est que de descendre et de remonter chaque jour, par exemple, 500 mètres, $1/2$ kilomètre d'échelles ? Énorme perte de temps, d'abord : une $1/2$ heure pour descendre, une heure et plus pour remonter; puis une fatigue extrême : et cette dépense de force et de temps est absolument improductive. Ce ne sont pas, malheureusement, les jambes seules et les bras qui fatiguent à cette gymnastique exorbitante; c'est la poitrine qui souffre. Souvenez-vous de ce qui vous est arrivé si

9

vous avez seulement franchi l'escalier raide conduisant au faîte d'un monument élevé : sur les tours de Notre-Dame de Paris par exemple (70 m.), ou sur la flèche du Munster de Strasbourg (14 m.). La circulation s'accélère; le cœur bat, la respiration devient haletante : on arrive essoufflé, oppressé. Mais 70 ou même 100 mètres ne sont pas 500 mètres, et des échelles à pic ne sont pas des escaliers. — Le mineur a fini sa journée; il est las. Au signal du départ, il laisse tomber l'outil. Eh bien, c'est justement alors que commence pour lui le plus rude travail, la montée. Il a beau s'arrêter un instant sur chaque palier pour reprendre haleine; il faut qu'il se hâte : d'autres viennent derrière. Il sort du puits, exténué; il se traîne chez lui d'un pas alourdi, sans même jouir du plaisir de respirer l'air pur du dehors; il n'a qu'un seul besoin, celui de se jeter au plus vite sur un lit. — Pour une fois, accidentellement, c'est bien : une heure de repos fera évanouir la fatigue. Mais refaire chaque jour deux fois ce voyage en ligne verticale, c'est trop pour les forces humaines. A ce métier le mineur s'use rapidement; il contracte, par la pression du sang refoulé dans les poumons, de graves maladies de poitrine : à 45 ans, il est vieux. Longtemps même avant ce terme ses forces sont brisées, il ne retrouve plus sa vigueur pour le travail productif et rémunéré. Voilà pourquoi dans toutes les mines profondes on a préféré aux échelles la circulation par le câble, malgré ses dangers. L'idée se présentait tout naturellement de descendre et de remonter dans la benne servant aux extractions. C'est, du reste, aujourd'hui encore le procédé le plus en usage. Les mineurs se plantent debout sur le fond de la benne; souvent même s'il n'y a plus de place à l'intérieur, ou tout simplement par négligence, ils se tiennent debout, les pieds posés sur le bord de la tonne, se retenant d'une main aux chaînes ou au câble : ce qui est beaucoup plus dangereux. Le voyage s'effectue rapidement et sans fatigue, mais non sans risque. Les ouvriers, habitués, n'en ont souci ; on en voit s'amuser à faire osciller la benne. Et pourtant une secousse de la tonne heurtant les boisages peut la décrocher ou la renverser, précipiter les imprudents au fond du puits. Le moment du *changeage* (rencontre) des tonnes est surtout critique. Que le machiniste oublie d'arrêter à temps, et un tour de bobine de trop — trois secondes — envoie la tonne dans le *puisard* ; malheur à qui ne sait nager ! — Le câble lui-même peut rompre. — Enfin les accidents les plus communs sont les chutes de pierres, de morceaux de bois provenant du revêtement du puits, de fragments de minerais tombés de la benne montante. — En certaines mines la pratique habituelle est plus dangereuse encore : au lieu d'être debout dans la tonne, les mineurs se font descendre et monter suspendus au câble par une double courroie ; assis dans l'une des boucles formées par la courroie, ils ont le dos appuyé contre l'autre boucle. Des groupes de huit ou dix à la fois descendent ainsi suspendus ; c'est effrayant de voir cette grappe humaine se balancer sur l'abîme. Cela se fait dans les mines de sel de Bohême, dans certaines houillères anglaises, et bien ailleurs ! Et notez bien que c'est la continuité surtout qui fait le danger de ces téméraires pratiques. On descendrait bien ainsi une fois, exceptionnellement, sans péril sérieux ; on ferait grande attention, on penserait à tout, toutes les précautions seraient prises. Mais quand c'est une pratique journalière, quand plus d'une centaine d'ouvriers doivent chaque jour prendre la même voie, il y a hâte, un certain désordre est possible ; puis on s'habitue à la situation, on pense à toute autre chose, on néglige les précautions. Sur un si grand nombre de fois une fois arrive où cette négligence entraîne des désastres.

On avait fait déjà quelque chose en établissant au-dessus des bennes une sorte de toit de bois qui préservait les mineurs de la chute des pierres et des débris. Le *guidage* de la tonne mettait à l'abri des accidents de la rencontre. Toutefois la descente par les bennes, comme moyen ordinaire de circulation, était jugée si dangereuse, que le gouvernement Français l'interdit dans nos mines ; il fallut ouvrir à grands frais de longues *fendues* obliques aboutissant au jour. Mais pour les appareils modernes perfectionnés l'interdiction est levée. Les cages *guidées* bien établies avec toit et *parachutes*, offrent en effet toutes les garanties possibles contre les accidents qu'il est donné à l'homme de prévoir et de conjurer. — Les *parachutes* ne sont pas un luxe de précaution inutile. Qui dirait en voyant ces câbles énormes, qui dirait qu'on peut avoir à craindre leur rupture ? Cependant quand ces appareils furent adaptés aux cages d'extraction dans nos houillères du Nord, dans le cours d'une seule année, ils avaient fonctionné dix fois, et sauvé la vie à plus de vingt mineurs.

La descente par le puits dans la benne ou la cage fait toujours éprouver au visiteur, surtout s'il est homme d'imagination, une impression indéfinissable. Toute préoccupation de danger écartée, c'est un étrange voyage pour qui le fait une première fois, que ce *voyage en verticale*... Vous avez revêtu un costume de circonstance, vous vous êtes *embarqués* dans la tonne. La double trappe s'ouvre : on voit la gueule du gouffre, le trou noir au-dessus duquel la tonne est suspendue comme à un fil. Au signal « laissez aller ! » on sent comme une oscillation, et l'étrange impression d'un plancher qui s'abaisse sous vos pieds. On s'enfonce dans ces ténèbres béantes, lentement d'abord ; puis la machine prend de la vitesse. Quand la trappe retombe au-dessus de vos têtes, au bruit formidablement grossi qui gronde dans les profondeurs, il semble que tout s'écroule, et que la terre se referme sur vous avec un affreux mugissement. — Bientôt on s'habitue au mouvement régulier ; on finit par en perdre conscience. Et alors, par une illusion bizarre, comme une hallucination dont on a peine à se défendre, il semble qu'on est immobile, tandis que les charpentes et les machines, à peine entrevues au

passage à la lueur douteuse des lampes, semblent fuir
en haut, monter, lancées d'une vitesse folle. Si le puits
est découvert, l'orifice, quelque terne que soit la
clarté du jour extérieur, semble, par comparaison,
rayonner une très-vive lumière : vous voyez en levant la tête, comme un *œil*, rond ou carré, qui va diminuant, diminuant, à mesure que vous vous en-
foncez, et de plus en plus rayonnant. — Généralement lorsque la tonne s'arrête et qu'il faut sortir de
la machine, le voyageur novice a les yeux fascinés ; la
tête lui tourne, et sa démarche est chancelante : il lui
semble que le sol ferme sur lequel il se pose se dérobe encore sous ses pieds.

Échelles mobiles. — Pour les exploitations très-
actives, dans les grandes houillères par exemple, la
circulation des ouvriers par les appareils d'extraction
les plus perfectionnés n'est pas encore sans inconvénients. Elle exige, tout d'abord, que le voyage s'ac-
complisse avec une grande vitesse, 3 m. par seconde :
or c'est une condition défavorable à la sécurité. Pre-
nons la profondeur très-ordinaire de 400 m. ; le trajet
du puits coûtera 2 minutes ; soit 2 minutes 1/2 avec
le temps d'arrêt ; si la cage porte 10 ouvriers, il faut
à ce compte une heure pour descendre au fond
200 ouvriers : une heure 1/2 s'il y en a 300, chose
commune. — Autant pour la montée ; voilà donc
3 heures par jour pendant lesquelles l'extraction des
produits de la mine est forcément suspendue. Cette
considération a fait adopter dans beaucoup de mines
déjà des appareils spéciaux appelés en Allemagne, où
ils furent inventés, *fahrkunst*, en France *machines à
monter*, *échelles mobiles*.

Imaginez-vous être debout sur une étroite plate-
forme ; par un mécanisme spécial cette plate-forme
se soulève d'une certaine hauteur, de 3 mètres, par
exemple, la hauteur d'un étage. Arrivée là, la plate-
forme qui vous porte s'arrête, juste au niveau d'un
palier. Vous passez sur le palier : c'est comme si
vous aviez franchi un escalier d'un étage. La plate-

forme alors, par un mouvement inverse, redescend
à son premier niveau. Mais en même temps un second marchepied semblable s'abaisse en face de vous,
jusqu'au franc du palier où vous êtes; il s'y arrête
un moment. Vous faites un pas en avant, et vous
vous posez sur cette autre plate-forme, qui, après
un court instant d'arrêt, s'élevant à son tour de 3 m.,
vous amènera au niveau du palier d'un second étage.
Et ainsi de suite. — La machine imaginée pour réaliser de semblables conditions dans la pratique se
compose donc d'une série de paliers superposés,
fixés à la paroi du puits ; en face de ces paliers se
meut d'un mouvement alternatif une longue *tige* de
bois, régnant sur toute la hauteur du puits, et portant, à des distances égales à celles qui séparent les
paliers, des marchepieds qui s'élèvent et s'abaissent
par le mouvement de la tige. Vous êtes à l'un des
étages : voulez-vous descendre ? Vous posez le pied
sur le marchepied qui, montant de l'étage inférieur,
vient de s'arrêter au niveau de votre palier, et va
redescendre. Voulez-vous monter ? Vous attendez le
moment où le marchepied qui vient de descendre
de l'étage supérieur s'arrête, prêt à remonter. De la
sorte vous arrivez au haut ou au fond du puits par
grandes enjambées. Il faut seulement saisir avec précision le ryhthme de la machine, et passer sans hési-
tation, au court moment d'arrêt (1 seconde), du palier sur le marchepied et réciproquement. Un faux
mouvement pourrait vous précipiter au fond du
puits. Ce qu'il y a de mieux à faire si vous manquez
le moment, ou si la place est occupée, c'est d'attendre tranquillement une autre pulsation de l'appareil. La machine à monter, telle que nous venons
de la décrire, est fort usitée au Harz. Dans les houillères belges on emploie un appareil très-perfectionné
appelé *Waroquière,* du nom de son inventeur. Ici la
machine est à double effet. Il y a non pas une seule
tige mobile, mais deux tiges, dont l'une monte tandis que l'autre descend. Au lieu de passer du mar-

chepied de la ma-
chine sur un pa-
lier fixe, établi à
la paroi du puits,
on passe de l'une
à l'autre des tiges,
au moment où
deux des plates-
formes mobiles
sont arrêtées en
face l'une de l'au-
tre. Ces plates-for-
mes sont, non plus
d'étroits marche-
pieds, mais de lar-
ges paliers à ba-
lustrade, où deux
hommes de front
tiennent à l'aise :
aucun danger. J'ai
vu dans un *char-
bonnage* belge les
mineurs sortir ain-
si du puits deux à
deux. — La fosse
de la machine s'ou-
vre devant vous
sous la forme d'un
large trou carré,
noir... tout à coup
vous voyez surgir
deux mineurs la
lampe à la main,
absolument com-
me les fantômes
qui sortent de
terre par une
trappe, au théâ-
tre. Le palier mo-

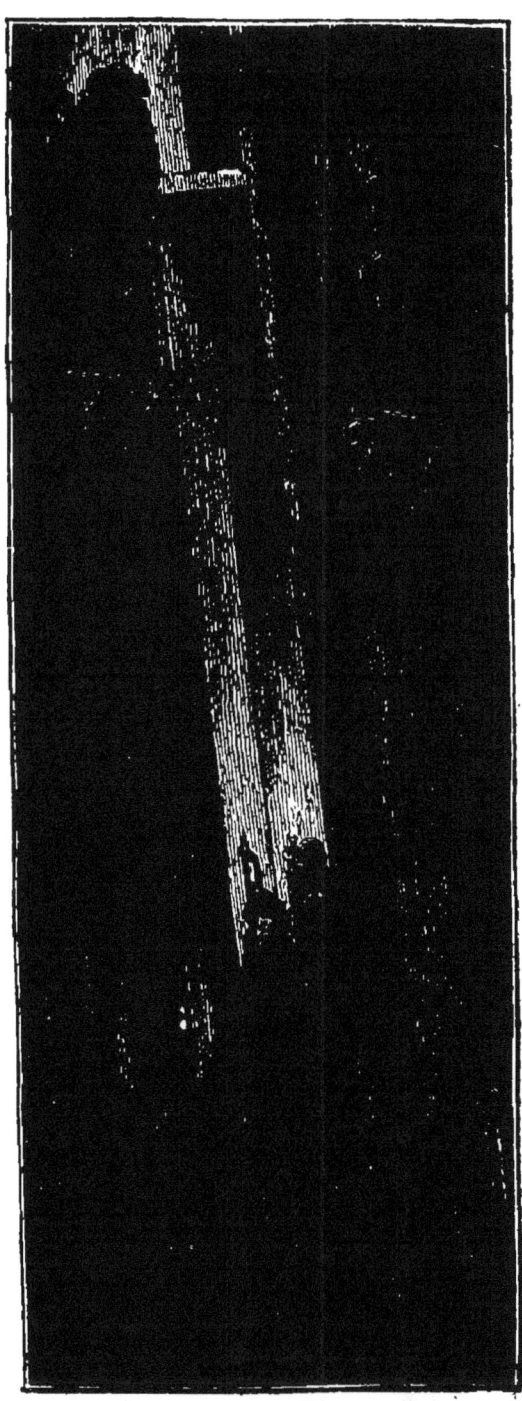

Fahrkunst au Harz.

bile de la waroquière arrive à fleur de sol : les deux mineurs qui font un pas en avant vers vous sur le sol ferme semblent exactement passer d'un balcon dans l'appartement. A peine ont-ils mis le pied sur la terre ferme que le plancher qui les a apportés s'enfonce derrière eux ; deux autres mineurs surgissent du puits sur le palier de l'autre tige, ceux-là vous tournant le dos, et sortant à l'opposé, de l'autre côté du puits.

La longue tige qui porte les marchepieds ou planchers mobiles est construite comme la maîtresse-tige des pompes, dont nous aurons bientôt occasion de parler. La tige simple ou double est sous la dépendance directe d'une machine à vapeur spéciale, très-ingénieuse ; l'appareil, au repos pendant la plus grande partie de la journée, doit toujours être prêt à marcher au premier signal. En marche, il fait 12 ou 15 oscillations par minute ; et comme un certain nombre d'ouvriers peuvent se trouver en même temps répartis sur les divers paliers, montant tous à la fois de trois mètres environ à chaque pulsation, en moins d'une heure le personnel d'une mine importante peut être descendu ou ramené au jour.

Épuisement.

L'épuisement des eaux est une question capitale dans une exploitation minière. Si la mine possède une galerie d'écoulement *inférieure* au niveau de tous les travaux, tout est simple ; il ne s'agit que de donner aux galeries d'allongement des divers étages une faible pente qui amène les eaux vers le puits, au fond duquel la galerie d'écoulement s'ouvre. Mais le plus souvent la galerie d'écoulement, s'il y en a une, n'est pas située à une profondeur suffisante pour *assécher* tous les étages ; elle s'ouvre seulement à une certaine hauteur dans le puits. Il faut du moins alors y conduire directement toutes les eaux venant des étages supérieurs à son niveau. Dans toutes les mines où il n'y a pas de galerie d'écoulement, et pour les étages inférieurs à cette galerie, là où elle existe, il faut absolument un système mécanique d'épuisement, *élevant* les eaux à mesure qu'elles s'accumulent dans le *puisard*. — Des seaux ordinaires puisant alternativement, des pompes mues à bras peuvent suffire, avons-nous dit, pour certaines mines soit à ciel ouvert, soit souterraines, où les infiltrations sont à peu près insignifiantes, et la profondeur très-faible; les mêmes moyens sont employés au début des travaux de *fonçage* d'un puits. Mais dès que la profondeur devient un peu considérable et les eaux abondantes, il faut des appareils de grande dimension mus par de puissantes machines.

Un système très-simple consiste à utiliser pour l'épuisement l'appareil d'extraction lui-même. Les bennes jouent le rôle de seaux énormes; elles vont se remplir dans le puisard, et se verser, soit à l'orifice du puits, soit à une certaine hauteur seulement, au niveau de la galerie d'écoulement. Une benne destinée à cet usage a le fond pourvu d'une large soupape; lorsqu'elle s'enfonce dans le puisard, l'eau soulève la soupape et remplit la tonne rapidement sans qu'elle ait besoin de se pencher pour se remplir. Arrivée au haut de sa course, la tonne est vidée dans un canal formant entonnoir, et déversant les eaux soit au jour, soit dans la galerie d'écoulement. Dans une exploitation l'extraction n'est pas toujours assez active pour occuper sans cesse la machine; on profite des moments de repos pour travailler à l'épuisement. Le plus ordinairement on monte les minerais le jour, les eaux la nuit. Mais dès que l'affluence des eaux atteint 1 ou 2 hectolitres par minute, ce procédé est insuffisant : il faut des pompes et une machine motrice spéciales. — Les pompes usitées dans les mines sont de deux sortes : la pompe *élévatoire*, la pompe *foulante*. Nous ne pouvons décrire ici en détail ces appareils. Disons seulement que dans la pompe élévatoire le liquide *aspiré* remplit le corps de pompe lorsque le piston s'élève, passe au-dessus de celui-ci à travers une soupape lorsqu'il descend ; et, en se relevant, celui-ci *souléve*, emporte dans son mouvement toute la quantité d'eau qui remplit le tuyau au-dessus du *corps de pompe*. En somme donc, c'est en *remontant* que le piston *éléve* la masse d'eau ; en descendant il ne fait aucun travail, et n'exige aucun effort. Dans la pompe *foulante*, au contraire, l'eau aspirée remplit la capacité du corps de pompe quand le piston s'é- lève ; quand il redescend, il refoule au dehors toute cette quantité d'eau introduite, et la force de s'élever par un tuyau montant placé latéralement. Ici, c'est donc en *descendant* que le piston agit, a besoin d'être poussé avec force. Dès que le puits dépasse une cer- taine profondeur, une seule pompe ne peut, d'un seul jet, élever l'eau jusqu'à l'orifice. Une pompe élévatoire dépasse rarement 50 m. ; une pompe fou- lante peut aller jusqu'à 200 ou 300 mètres ; mais alors sa construction devient plus difficile, et dans la pratique on s'arrête ordinairement à 100 ou 125 mè- tres. Si le puits est profond, on établit plusieurs *jeux de pompes* superposés, et les eaux sont élevées par étages, ou comme on dit, par *relais*. La pompe infé- rieure aspirant l'eau du puisard est presque toujours une pompe *élévatoire* ; sa construction la rend plus propre à cette fonction. Au-dessus, les eaux sont re- prises par une, deux, trois pompes *foulantes* étagées. Les pompes sont installées dans le puits, le moteur est établi au jour. Pour donner le mouvement à toutes, une longue tige de bois pendante, nommée *maîtresse- tige*, descend jusqu'au fond du puits. A elle sont atta- chées, *attelées* comme on dit, les tiges des pistons des diverses pompes étagées dans le puits. Par l'action du moteur elle s'élève et s'abaisse alternativement d'une certaine quantité (2 à 3 m.), transmettant son mouvement aux pompes qui lui sont attelées.

Dans un grand puits la *maîtresse-tige* est une très- grosse pièce, formée de poutres de chêne assemblées fortement, consolidées encore par des bandes de fer. Elle est ordinairement carrée, et dépasse souvent 25,

30, 40 centimètres d'épaisseur. Avec ses ferrures, une maîtresse-tige, dans un puits de 500 mètres, peut arriver au poids énorme de 40 à 50 mille kilog.; poids supérieur de beaucoup à l'effort qu'elle est destinée à transmettre. Les étages superposés étant munis de pompes foulantes, qui agissent quand leur piston s'enfonce, la machine motrice dans son mouvement d'ascension a seulement à soulever la maîtresse-tige et tout son attirail, sans éprouver aucune résistance de la part de l'eau. Puis le moteur cessant de faire effort, la maîtresse-tige laissée libre redescend d'elle-même; par son propre poids elle enfonce les pistons des pompes foulantes, en forçant les eaux à monter.

Les pompes d'un système d'épuisement important sont d'énormes et lourdes machines : le corps de la pompe a souvent, intérieurement, 50 cent. de diamètres, parfois le double. L'eau refoulée s'élève par un conduit vertical formé de tuyaux de fonte superposés, presque aussi gros que le corps de la pompe même; ces tuyaux sont solidement assemblés avec de forts boulons, et leurs joints soigneusement ajustés pour éviter les fuites. A chaque *relais*, l'eau qui monte par les tuyaux de la pompe inférieure se déverse dans un réservoir, d'où la pompe située immédiatement au-dessus la puise, et la refoule par une nouvelle longueur de tuyaux faisant suite à la précédente. La série de tous ces tuyaux, qui se prolonge dans toute la hauteur du puits, forme ce qu'on appelle la *colonne d'ascension*. Mais il s'agit de supporter, de maintenir en place dans le puits tout ce système : la grosse colonne de tuyaux de plusieurs centaines de mètres de longueur, les lourds corps de pompe, les réservoirs; le tout rempli, chargé d'un énorme poids d'eau. Et de plus il faut que l'appareil résiste aux violents efforts qui refoulent les pistons, aux chocs, aux ébranlements que ne peut manquer de produire l'énorme maîtresse-tige alternativement soulevée et retombant. Pour cela tout un immense attirail de charpentes s'étage dans le puits des pompes. D'abord,

de distance en distance, de fortes poutres renforcée
de bras obliques, soutenant les tuyaux de la colonne
Puis à chaque étage, pour porter le corps de l
pompe, le réservoir, résister à l'effort du foulage
c'est une triple, quadruple série de *sommiers*, forman
comme des grilles superposées et croisées, ayant pou
barreaux d'énormes poutres profondément encastrée
dans des entailles faites à la roche solide ou dans l
maçonnerie; le tout en outre sous-tendu, raidi pa
des pièces en écharpe, étais et contre-étais obliques
allant chercher leurs points d'appui contre le roc.

La puissante maîtresse-tige a besoin d'être guidé
dans son mouvement. De 50 en 50 mètres, un sys
tème de 4 poutres croisées, laissant entre elles just
le passage de la tige carrée, lui servent de guides, e
l'empêchent de se balancer latéralement. Mais ce n'es
pas tout : quand la tige descend, il faut qu'arrivé
au bas de sa course elle trouve un arrêt contre leque
elle butte et se repose, afin que son poids énorme
ne fatigue pas les pompes. Pour ce, de gros taquets
nommés *heurtoirs* y sont fixés latéralement, de telle
sorte qu'en descendant avec elle ils viennent se poser sur les poutres-guides : la tige demeure arrêtée
de la sorte, comme suspendue. Pour soutenir la tige
et pouvoir même résister à son choc violent, si tout
à coup la pièce de fer par laquelle elle est accrochée
au moteur venait à se rompre, les poutres guides
doivent être établies avec une solidité extrême. En
outre de l'encombrement de toutes ces charpentes,
sans compter celles de son propre boisage, le puits
des pompes est toujours muni d'échelles avec leurs
paliers, qui permettent aux *pompiers* de visiter, d'entretenir, de réparer les pompes.

Serrements. — Quand une certaine étendue des travaux est dépouillée, qu'elle soit comblée par des
remblais ou livrée aux affaissements, si on doit l'a-
bandonner, on prend soin d'intercepter toute communication entre la partie délaissée et les chantiers
en activité. Et comme presque toujours les excava-

ions désertées finissent par se remplir d'eau, on établit dans les galeries qui y aboutissent de solides
barrages appelés *serrements*, capables de résister à
l'extrême pression de ces eaux accumulées. Ces sortes
de *digues* ou d'écluses se construisent, en travers de
la galerie à intercepter, d'énormes madriers de bois
juxtaposés, bien sains, dressés avec le plus grand
soin sur leurs faces *jointives*. Une large et profonde
entaille pratiquée dans la roche tout autour de la
galerie leur donne un point d'appui solide. Les pièces
de bois dressées, une certaine épaisseur de *mousse*
étant interposée entre elles et la roche sur tout le
contour de l'entaille, la dernière pièce enfin, celle
du milieu, étant mise en place, on *picote* le serrement, c'est-à-dire qu'on enfonce à grands coups de
masse, jusqu'à refus absolu, dans tous les joints, des
coins de bois sec qui se gonflant à l'humidité, calfeu-
treront exactement le barrage, et empêcheront toute
infiltration. Cela fait, le serrement est encore conso-
lidé du côté opposé à la pression, par d'énormes
poutres horizontales formant traverses, elles-mêmes
contre-étayées de gros étais obliques prenant leur
point d'appui dans de profondes entailles pratiquées
au roc vif. Dans les mines très-profondes où la pression des eaux peut devenir énorme, pour lui donner
plus de force encore on construit le serrement en
forme de niche, les pièces de bois étant taillées obliquement sur leurs faces jointives, comme les cla-
veaux d'un arc de voûte; en sorte que l'effort des eaux
qui s'exerce sur le dos convexe (extrados) de cette
sorte de voûte n'a pour effet que de serrer plus puissamment les joints. Enfin, dans les mines du Harz
on a inventé un mode de serrement capable de résister aux pressions les plus effrayantes, nommé *serrement sphérique*, à cause du principe de sa construction, mais qu'il vaudrait mieux nommer *serrement
conique* en raison de sa forme. Figurez-vous en effet
un énorme bouchon en forme de *cône tronqué*, long
de 2 mètres environ, et formé de fortes pièces de bois

assemblées dans le sens de la longueur, en sorte que le côté large du bouchon conique déborde tout autour le côté étroit de 60 centimètres. A l'endroit du barrage le contour de la galerie est dressé avec grand soin, et reçoit la forme arrondie et évasée d'un cône creux, exactement modelée sur celle du bouchon. Le serrement étant construit sur place, assemblé pièce à pièce, il est évident que la pression des eaux tendra à enfoncer le bouchon conique dans l'ouverture ébrasée, trop étroite pour le laisser passer. Eh bien, l'effort est tel, que le bouchon, malgré sa forme élargie et la dureté du chêne dont il est formé, se

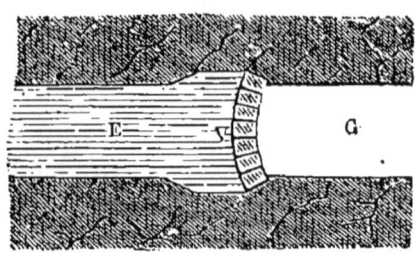

Serrement voûté. G, galerie interceptée; E, espace occupé par les eaux; V, barrage.

comprime assez pour avancer de 40 ou 50 centimètres dans l'entaille. Mais alors il est inébranlable. Des serrements de cette sorte résistent depuis des années, dans les mines de Freyberg, à la pression de 250 mètres de hauteur d'eau, effort qui doit s'évaluer à 1 300 000 kilogr. Enfin dans certains cas on a dû exécuter dans des puits des serrements horizontaux. Un puits se trouve ainsi divisé à

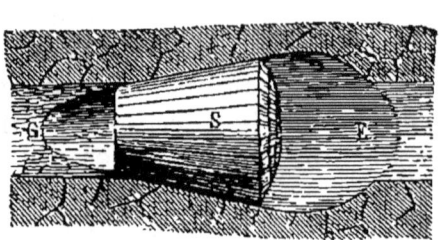

Serrement sphérique. G, galerie; E, espace abandonné aux eaux; S, bouchon conique.

mi-hauteur : toute sa partie supérieure se remplit d'eau, tandis que la partie inférieure reste vide, et continue son service. Un tel serrement porte le nom de *platte-cuve portante*. Fond de cuve en effet, et d'une cuve effroyablement profonde — 200, 300 mètres parfois — et qui doit *porter* à lui seul tout le poids de l'eau amassée au-dessus. Sous cette voûte, sous ce fond de cuve, travaillent les mineurs! Les serrements et plattes-cuves peuvent être opposés à l'irruption des eaux extérieures, aussi bien qu'à celles qui s'accumulent dans les vieux travaux. On comprend tout le luxe de solidité, de précautions apporté dans la construction de tels barrages, quand on vient à songer aux désastres qu'entraînerait leur rupture. Il n'est pas à la connaissance des mineurs qu'aucun ait jamais cédé.

Aérage,

Nécessité de la ventilation des mines. De toutes les causes qui peuvent vicier l'air dans les mines, la respiration des ouvriers et la combustion des lampes sont bien les moins actives. Là où elles agissent seules, la ventilation est facile à établir ; il suffit que l'air circule par les voies et le long des tailles avec une faible vitesse. Mais quand des émanations souterraines abondantes viennent se mêler à l'atmosphère des excavations, il faut qu'un courant d'air rapide, serpentant à travers le dédale des galeries, balaye, entraîne ces gaz perfides. La question de l'aérage alors devient la plus difficile, la plus compliquée dans l'organisation d'une mine.

Le mineur a deux ennemis, d'autant plus dangereux qu'ils sont invisibles : l'acide *carbonique*, le *grisou*. — L'acide carbonique, vous le connaissez : de vue, au moins. C'est le gaz qui se dégage de la cuve en fermentation, de la bière qui mousse, du champagne qui pétille, des eaux gazeuses. Malgré cette apparence pétillante, l'acide carbonique est un gaz lourd, paresseux. — Dans certains sols, surtout dans les sols volcaniques, il émane sans cesse des pores de la roche, il filtre avec abondance par les fissures. Beaucoup plus pesant que l'air, il tend à s'accumuler dans les parties profondes des excavations, dans les grottes, les caves, les galeries de mines. S'il y a de vieux travaux, des galeries abandonnées, vous êtes sûr qu'il les remplit. Il est là, dormant; son niveau monte peu à peu comme un flot invisible, qui gagne, gagne, inonde. On s'y noie, absolument comme dans l'eau. Un homme qui s'y enfonce, tombe tout à coup asphyxié, sans vie : noyé, j'ai bien dit; c'est cela. Nul secours; si vous vous précipitez pour relever le mort, vous faites deux victimes. Si on descend un flambeau allumé dans une de ces cavités envahies par l'acide carbonique, au moment où le flambeau atteint le niveau du lac gazeux il s'éteint subitement, comme si on l'eût plongé dans l'eau. L'air même, dès qu'il en est mêlé dans une proportion qui dépasse un tiers, devient irrespirable et mortel. L'acide carbonique, cependant, n'est pas à proprement parler un poison : mais il ne peut alimenter la flamme ni la vie. Il ne tue pas, il laisse mourir. L'homme, le flambeau s'y éteignent faute d'air, d'air vivifiant et respirable, d'*oxygène* en un mot. L'acide carbonique, gaz pesant, se mêle lentement et difficilement à l'air; pour le déloger des anfractuosités où il dort, il faut un courant rapide, qui produise des remous et l'entraîne malgré lui.

L'autre ennemi, le *grisou*, est en tout le contraste de *l'acide carbonique* — néanmoins plus dangereux encore. Celui-ci est léger, bien plus léger que l'air; au lieu de s'accumuler dans les creux, il s'élève, comme une fumée — mais invisible — vers la voûte des galeries; il remplit les anfractuosités vers le toit, monte par les puits. Lui aussi peut asphyxier; pour cela il faudrait qu'il fût mêlé à l'air en proportion considérable. Mais c'est un autre péril : il est inflammable. Suivant les cas il brûle tranquillement, ou détone comme la poudre, avec d'épouvantables explosions. Mais que dis-je? vous le connaissez aussi, ou du moins vous connaissez qui lui ressemble : le *grisou* est tout à fait analogue au gaz d'éclairage, comme composition et comme propriétés. Le *grisou* se dégage en abondance dans certaines houillères. A quelques pages d'ici nous aurons occasion de signaler tous les dangers que ce gaz redoutable fait courir au mineur, et les précautions minutieuses dont il a fallu s'armer contre lui. Ici nous n'en parlons qu'au point de vue des nécessités qui résultent de sa présence pour l'organisation de l'aérage. Il est bien évident qu'il faut expulser à tout prix ce gaz funeste. Dans les mines qu'il infeste, le courant d'air circulant par les galeries et les tailles doit être assez rapide pour emporter le grisou à mesure qu'il se dégage, l'empêcher de monter vers la voûte des galeries pour s'accumuler, par sa légèreté, dans les anfractuosités, l'entraîner enfin, délayé dans une masse d'air considérable. Il faut surtout que nulle impasse, nul recoin perdu, nul tronçon de galerie sans issue ne se trouve en dehors de la circulation de l'air. Toute cavité non ventilée est un réservoir à grisou : un baril de poudre, auquel une étincelle peut mettre le feu.

Disposition des voies d'aérage. Un entraînement suffisamment rapide vers une ouverture extérieure ne constitue donc pas à lui seul la solution complète du problème de l'aérage. Il faut encore que les dispositions intérieures soient prises de telle sorte que le courant d'air serpente par toutes les galeries, longe toutes les tailles. Si on laissait ouvertes toutes les voies entre l'orifice d'entrée et l'orifice de sortie, le courant d'air se choisirait un certain parcours, le plus direct et le plus large, et dans les autres parties la circulation se ferait à peine sentir. Pour éviter cet effet, et pour empêcher le courant de se diviser en trop nombreuses branches, on trace à l'air son chemin dans la mine; et pour le contraindre à suivre ce circuit tortueux, on place à l'entrée des voies où il ne doit pas s'engager directement, des *portes* qui l'arrêtent au passage. Lorsque ces galeries ainsi interrompues doivent servir à un roulage actif, il faut que les portes soient ouvertes à chaque passage d'un groupe d'ouvriers ou d'un train de wagonnets, refermées derrière; ce soin est souvent confié à des enfants. Au moment où la porte est ouverte, les conditions du courant d'air sont momentanément changées. S'il importe d'éviter cet effet — comme lorsqu'il s'agit d'empêcher un courant d'air chargé de grisou de se diriger vers un foyer allumé — au lieu d'une seule porte, on en établit deux, interceptant entre elles un petit tronçon de galerie. Ces deux portes sont disposées de telle sorte qu'elles ne soient jamais ouvertes ensemble. Un ouvrier qui passe, un wagonnet qu'on roule, franchissent l'une des portes; puis derrière eux celle-ci retombe et ferme la communication, avant que la seconde porte s'ouvre devant eux. C'est le système des *écluses*, appliqué aux courants d'air. Des dispositions analogues sont de même appliquées à certains puits qui doivent servir de voie au courant d'air, lorsque ces puits sont en même temps utilisés à la circulation ou à l'extraction. Seulement les portes sont remplacées par des trappes, qui s'ouvrent pour le passage des ouvriers ou des produits d'extraction. Le parcours intérieur de l'air devant, dans chaque partie des travaux, former un circuit complet entre la voie d'entrée et celle de sortie, il est parfois nécessaire, avons-nous dit, de compléter le parcours qu'offrent les voies de roulage, les descenderies, etc., par des couloirs spéciaux qu'on appelle *voies de retour d'air*. L'air, à chaque étage, doit toujours entrer de préférence par les travaux principaux, et suivre pour le retour les passages les moins fréquentés. Le parcours total des galeries et fronts de tailles que doit ainsi suivre l'air dans un seul *quartier* des travaux s'élève souvent à un kilomètre, parfois à deux ou trois. On peut estimer de 25 c. ou 50 c. jusqu'à 1 m. ou 1 m. 50 par seconde, suivant les cas, la vitesse qu'il doit prendre. Une telle circulation représente, selon l'étendue plus ou moins grande des travaux, un volume de 1 mètre cube à 20 ou 30 mètres cubes, entrant dans la mine à chaque seconde.

Quand il s'agit d'aérer une galerie en voie de

perçage, un puits intérieur encore sans débouché, il est souvent nécessaire d'établir momentanément une division dans la galerie ou le puits, par une cloison ou un plancher. L'air pur arrive par le conduit formé entre la paroi du puits ou de la galerie et la cloison, ou bien entre le sol de la galerie et le plancher élevé à une faible hauteur. Il est ainsi conduit jusqu'au fond de la voie; de là, il se replie pour revenir par le plus large passage. Les conduits à air ainsi formés portent le nom de *royons* ou de *kernets*. Souvent on les remplace par des espèces de gros tuyaux carrés, formés de 4 planches, posés sur le sol de la galerie ou le long de la paroi du puits : c'est ce qu'on appelle — je ne sais pourquoi — des *canards*.

Aérage spontané. Température des mines. Le courant d'air plus ou moins rapide qui doit renouveler l'atmosphère viciée des travaux peut être *spontané* ou *artificiel*. Une certaine circulation tend naturellement à se produire par suite de la différence de température des excavations et de l'air extérieur. Dans une cavité sans communication avec l'extérieur, à la faible profondeur de 10 à 15 m., déjà on observe que la roche offre une température toujours égale ; les variations des saisons ne se font pas sentir jusque-là. Puis, à mesure qu'on descend, on éprouve la sensation d'un air de plus en plus chaud. En effet, la température augmente avec la profondeur ; et cette progression est, en moyenne, d'un degré du thermomètre pour 30 mètres environ ; souvent plus rapide. Ainsi, dans nos pays, vers 100 mètres de profondeur règne en toute saison la température invariable de 15 degrés environ : température printanière. A 200 mètres on rencontre 18 degrés, à 300 mètres 21 ou 22 degrés; 25 degrés à 400 mètres : la chaleur d'un beau jour d'été. — Dans certaines mines même des régions volcaniques, dans quelques houillères échauffées par des incendies souterrains, la chaleur est extrême et gênante. On cite des mines du Mexique où les ouvriers sont plongés dans une atmosphère étouffante de

36 degrés : la température d'un bain chaud... Mais ce sont là de très-rares exceptions.

Or l'air chaud est plus léger que l'air froid; il tend à monter, l'air froid à descendre. C'est pourquoi, par exemple, l'air échauffé par la combustion s'élève par nos cheminées : et c'est cet effet que nous nommons le *tirage*. Une sorte de tirage tend donc à s'établir dans les cavités profondes, communiquant par le haut avec l'air extérieur. Supposons un puits que l'on est en train de foncer : entre la température du fond et celle de l'air extérieur il y a une faible différence : assez cependant pour qu'un tirage se produise. L'air plus tiède monte au contact des parois; l'air froid descend vers le centre du puits. Mais ces deux courants se contrarient, se mélangent. Aussi, dès que le puits atteint une certaine profondeur, ce renouvellement spontané de l'air ne peut plus suffire; à plus forte raison s'il s'agit de vastes travaux, de longues et tortueuses galeries. Pour que la circulation puisse s'établir régulière et active, il faut que la mine communique avec l'air extérieur par deux issues; le courant entrant par l'une et ressortant par l'autre. Lors même que les travaux n'ont avec le dehors qu'une seule voie de communication, les nécessités de l'aérage obligent, comme nous l'avons déjà dit, à diviser par une cloison cette voie unique, puits ou galerie; ce qui revient en fait à en établir deux. La circulation se produit spontanément, régulière et active, si les deux orifices, l'entrée de l'air et la sortie, s'ouvrent au jour *à deux niveaux différents*. Le puits le plus élevé fonctionne alors absolument comme une haute cheminée, où l'air tiède, plus léger, monte, tandis que l'air vif de l'extérieur pénètre par l'ouverture inférieurement située, et circule par les travaux pour se rendre au *puits d'appel*. Évidemment l'appel est d'autant plus énergique, la circulation d'autant plus rapide que la différence de température de l'intérieur à l'extérieur est plus considérable, et, d'autre part, que la différence de niveau entre les orifices d'entrée et de sortie est plus grande ainsi. — L'hiver, l'écart de température entre la mine et l'extérieur est toujours très-notable; mais l'été, à certains jours, à certaines heures de la journée, la chaleur du dehors peut devenir égale à celle du dedans, ou même plus élevée. Il peut donc y avoir des moments d'équilibre, de complète stagnation; ou même le courant d'air peut être *renversé*, c'est-à-dire se produire en sens inverse. Peu importe le sens du courant; mais aux heures où la circulation naturelle est stagnante ou trop ralentie, il faudra y suppléer momentanément par des moyens artificiels. D'autre part, si les orifices d'entrée et de sortie sont situés au même niveau, un équilibre d'indifférence se trouvera toujours à peu près établi, quel que soit l'écart de température; dans une telle mine on ne peut compter sur aucun courant naturel suffisamment actif et régulier.

Beaucoup de mines, sauf les intervalles de stagnation momentanée, sont convenablement aérées par la ventilation naturelle : l'air ainsi appelé parcourt les galeries avec une faible vitesse de 20 à 40 centimètres par seconde, ce qui peut suffire en bien des cas. Mais quand l'air doit parcourir un long et tortueux circuit de couloirs croisés et de vastes tailles, si surtout les dégagements de gaz, acide carbonique ou grisou, sont considérables, il faut un afflux d'air puissant et rapide de 1 mètre, parfois 1ᵐ 50 par seconde. Alors l'aérage naturel est insuffisant. Ainsi est-il rare qu'une houillère puisse se passer d'un aérage *forcé*, d'une ventilation artificielle. Le moyen le plus simple de suppléer au défaut ou à l'insuffisance du tirage spontané était indiqué par la nature même. Il consiste à échauffer plus fortement l'air du puits de tirage, afin de produire un appel plus énergique. Au fond de la fosse donc, quelques mètres au-dessus de l'eau dormante du puisard, est suspendue par de longues chaînes une vaste corbeille de fer, où l'on entretient un feu très-ardent de bois, de coke ou même de houille. C'est ce qu'on appelle un *toque-feu*. Le toque-feu est très-commode comme installation momentanée, en ce qu'il n'entraîne aucune disposition spéciale onéreuse. Cependant cette façon de transformer le puits en cheminée, surtout si des ouvriers, à un moment donné, peuvent avoir besoin de monter et de redescendre par ce puits, n'est ni sans inconvénient, ni même sans danger. La fumée gêne fort ; vu d'en haut, ce brasier suspendu qui éclaire le fond de l'abîme de ses lueurs rouges et se reflète dans l'eau noire du puisard, n'offre rien de trop rassurant... Si donc un foyer doit être employé comme moyen permanent de ventilation, il faut abandonner le toque-feu, et établir le foyer à poste fixe en dehors du puits. On creuse alors un tronçon de galerie latéral, communiquant avec une des voies principales ; là on construit un vaste foyer, une large grille fixe, où l'on entretient le feu jour et nuit allumé. L'air échauffé et les produits de la combustion s'élèvent par une large cheminée qui surmonte la grille et débouche à 10, ou 20 mètres au-dessus, dans le puits. Un tel foyer consomme en moyenne de 500 à 800 k. de houille en 24 heures, dépense qui serait très-onéreuse partout ailleurs que dans une houillère même, où l'on peut alimenter le foyer d'aérage avec des menus débris à peu près sans valeur. Jusqu'à une certaine limite, l'emploi des foyers de tirage est rationnel. Mais en Angleterre, les choses sont souvent poussées à l'extrême. Dans les mines de ventilation difficile, on a établi au bas des puits deux, trois, quatre foyers énormes, échauffant l'air du puits jusqu'à 50 ou 60 degrés, parfois même jusqu'à 100 degrés : la chaleur de l'eau bouillante ! Le premier inconvénient d'un tel système c'est qu'il exige un puits absolument sacrifié à ce seul usage ; on ne peut songer à se servir du puits des pompes, ni du puits aux échelles. Il y a plus : la chaleur devient excessive, elle détériore rapidement les boisages ; il faut de toute nécessité un puits muraillé, une véritable cheminée, en un mot, et faite exprès. D'autre part ces énormes foyers dévorent la houille d'une façon terrible ; et quoique ce soit du combustible de qualité inférieure... Mais en Angleterre on n'y fait pas d'attention. Il y a d'autres inconvénients plus graves. Les mines qui exigent un plus rapide courant d'air, par conséquent des foyers plus ardents, ce sont les *houillères à grisou*. Or ici, l'emploi du feu n'est pas sans danger. L'air qui arrive sur ces foyers, pour y alimenter la combustion, pourrait être en certains cas tellement chargé de grisou qu'il fût explosible ; et alors le moyen même employé pour expulser ce gaz dangereux aurait pour effet de l'enflammer ; l'explosion se propagerait au loin dans les travaux et les désastres seraient effroyables. Contre un tel danger on n'est pas sans prendre ses précautions. Dans nos houillères du Nord, par exemple, le foyer de tirage est alimenté, non pas avec l'air qui a parcouru les travaux, mais avec de l'air arrivant directement du dehors par une série de petits puits latéraux (*goyeaux, burons, burcteaux*), qui servent à la descente des ouvriers. En Angleterre on se contente de choisir, pour l'alimentation du foyer, parmi les diverses *branches* du courant d'air revenant de divers *quartiers* des travaux, celle qui ramène le moins de grisou. Malgré ces précautions, l'emploi des foyers dans les mines infectées par le gaz inflammable n'est pas encore sans périls. On leur a parfois substitué en Belgique, pour échauffer l'air du puits, d'énormes *calorifères* où le feu ne se trouve pas en contact avec l'air venant des travaux. Ailleurs on a employé de puissants *jets de vapeurs*, s'élançant du fond du puits, tourbillonnant, échauffant, entraînant l'air par le double effet de leur impulsion et de la chaleur communiquée. La vapeur, pour cela, produite dans de vastes chaudières établies à la surface, descend au fond du puits par de longs tuyaux. — Ce moyen encore est dispendieux. En réalité, dès qu'une médiocre surélévation de température ne suffit pas à produire la

ventilation convenable, il vaut mieux renoncer complétement à l'emploi de la chaleur, et avoir recours
aux appareils mécaniques.

Machines employées à l'aérage. Les machines de ventilation, établies au jour sur le puits d'aérage, ont
toutes pour but de produire une aspiration qui oblige
l'air extérieur à pénétrer par une autre issue et à
parcourir les travaux. Ces machines se rapportent en
somme, à deux types : les *ventilateurs* et les *pompes
à air.* Tout le monde a vu fonctionner cette machine
agricole qui sert à nettoyer les grains, et que l'on
appelle une *tarare* : le lecteur a donc certainement
une idée de ce que c'est qu'un ventilateur. L'organe
essentiel de la tarare est une sorte de roue à 4 larges
palettes; en tournant, ces quatre palettes, comme
quatre énormes éventails, chassent l'air, par la force
centrifuge, vers la circonférence de la *caisse à vent*;
et cet air s'échappant par un large conduit oblique,
est amené sous la trémie d'où tombe le grain mêlé à
la paille. Mais l'air ne peut être chassé vers la circonférence qu'il ne soit aspiré quelque part; et en effet,
cette aspiration se produit vers le centre de la roue à
palette, là où la caisse présente, de chaque côté, une
large échancrure circulaire. Imaginez donc un appareil construit sur le même principe, mais établi sur
de vastes proportions, une tarare gigantesque! Son
énorme caisse à vent est posée sur le puits. Ses vastes palettes, tournant avec une vitesse relativement
modérée (200 tours par minute), entraînent un grand
volume d'air avec une vitesse moyenne. L'aspiration
se produit par les larges ouvertures centrales (*ouïes*),
mises en communication avec le puits. L'air aspiré,
chassé par les palettes, est rejeté à l'extérieur par un
conduit largement ouvert à la circonférence de la
caisse. C'est un jeu pour les visiteurs de s'exposer
au vent de la machine, à quelque distance de l'ouverture, pour y sentir ce souffle de tempête qui vous re-
pousse, vous fouette le visage, soulève les cheveux et
fait flotter en arrière les plis des vêtements comme

une voile qui palpite à la rafale. — D'autres ventilateurs tournants, un peu plus compliqués de structure (ventilateurs Fabre, Lemierre), et fonctionnant d'après un principe un peu différent, sont fort en usage sur les charbonnages belges et français.

L'autre type d'appareils comprend de véritables *pompes à air* — des *machines pneumatiques*, comme on dit dans les cabinets de physique — aspirant l'air du puits, et l'*expirant* à l'extérieur, absolument comme une pompe aspire et rejette l'eau d'un réservoir. Seulement comme ici la machine doit extraire un volume énorme d'une matière très-légère et très-mobile, avec une très-faible différence de pression, le type de la pompe doit être adapté à ces conditions toutes spéciales ; c'est-à-dire qu'elle doit être à la fois de dimensions très-vastes et de construction très-légère.

Imaginez sur le puits, un énorme *corps de pompe*, un cylindre creux en bois, construit de douvelles comme une cuve. A l'intérieur se meut un large piston de bois, dont la *garniture* de cuir s'applique contre la paroi du cylindre. Supposez que le piston, qui d'abord reposait sur le fond du cylindre, se soulève. Il laisse au-dessous de lui un vide, où l'air du puits se précipite en soulevant de très-légères soupapes qui recouvrent de larges orifices en communication avec le puits. Le piston arrivé au haut de sa course, une quantité d'air égale à la capacité du cylindre a été aspirée du puits. Il redescend : les soupapes qui avaient permis à l'air du puits d'entrer dans le cylindre, retombent, ferment les passages. Mais en même temps, par la pression que subit l'air emprisonné, d'autres soupapes, posées sur des ouvertures pratiquées dans le piston même, se soulèvent, et l'air chassé s'échappe facilement. Puis le mouvement d'aspiration recommence. Si l'on veut que l'aspiration soit continue, on emploie deux cylindres, où les pistons, suspendus par leurs tiges aux deux bras d'un *balancier* semblable à un long fléau de balance, s'élèvent et s'abaissent alternativement. Dans une telle machine, afin de ne pas charger le moteur d'un effort inutile, il faut que le piston glisse contre les parois du cylindre avec un frottement très-doux, presque insensible. Il faut que les soupapes soient très-légères, et très-étendues, afin que la plus petite différence de pression les soulève, ouvrant à l'air un large et facile passage. On les construit souvent d'une simple peau flexible, battant sur une sorte de cadre divisé en compartiments : tout à fait semblables, sauf la taille, à la soupape d'aspiration qui forme ce qu'on appelle l'*âme* d'un vulgaire soufflet de cuisine. Quand l'appareil doit avoir de très-grandes dimensions, ces conditions sont plus faciles à réaliser en disposant la machine *horizontalement*, au lieu de la dresser *verticalement*. Pour plus de simplicité de construction on donne alors au corps de pompe ou *caisse à vent* non plus la forme ronde (cylindrique) mais une forme carrée (prismatique). La caisse à vent est alors une véritable *chambre*, où plusieurs personnes tiendraient à l'aise; et le piston devient une *cloison* mobile, carrée, qui avance et recule. Le fond de la chambre, communiquant avec le puits, est tout à jour, comme une grande fenêtre sans vitres. Sur chacun de ces carreaux vides vient battre une large et légère soupape simplement suspendue par une charnière très-mobile à sa partie supérieure : une sorte de volet pendant, oscillant au moindre souffle, qui vient s'appliquer sur l'ouverture ou se soulève largement pour laisser entrer l'air aspiré. La cloison mobile qui joue le rôle de piston, est construite de la même façon. Afin qu'elle glisse sans frottement, elle est portée sur de petites roulettes (galets) roulant sur des rails. Cet *aspirateur*, du reste, fonctionne exactement comme le précédent, dont il ne diffère que par ces ingénieux détails de construction. Pour obtenir l'aspiration continue, l'appareil doit être construit double. On le composera de deux chambres à air disposées en face l'une de l'autre. Les deux cloisons-pistons étant fixées sur la même tige, et mises en mouvement par le même moteur, l'une s'enfonce vers le fond d'une chambre, tandis que l'autre, dans la chambre opposée, recule ; l'une aspire l'air, tandis que l'autre l'expire.

Ces appareils sont modernes ; mais depuis des siècles on emploie au Harz et dans beaucoup d'autres mines des aspirateurs à cloches fondés sur le même principe. La cloche est une simple cuve cylindrique, renversée dans une autre cuve plus grande et pleine d'eau. Sous cette cloche s'élève jusqu'au-dessus du niveau de l'eau un gros tuyau d'aspiration, fermé à sa partie supérieure par une large et mobile soupape. La cloche elle-même en porte une semblable sur son fonds. Quand la cloche est enfoncée, elle est à peu près remplie par l'eau qui prend son niveau à l'intérieur. Le moteur l'élève : il se produit une aspiration.

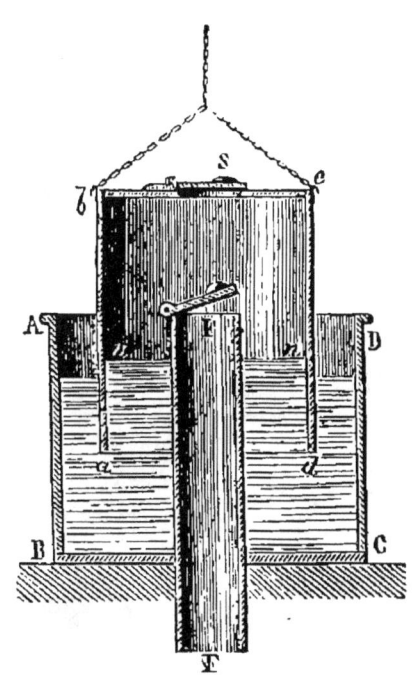

Cloche aspirante du Harz. E, tuyau d'aspiration ; F, soupape d'aspiration ; S, soupape de dégagement.

L'air arrive par le tuyau, soulève la soupape, pour venir remplir la capacité de la cloche à mesure que celle-ci monte. Inversement, quand la cloche redescend, s'enfonce dans l'eau, l'eau tend à la remplir de nouveau ; l'air comprimé s'échappe par la soupape de dégagement qui s'ouvre à la partie supérieure de la cloche. Cette machine, donc, fonctionne absolument comme les pompes que nous venons de décrire ; la capacité de la cloche, alternativement remplie d'air et d'eau, représente le corps de pompe ; seulement ici l'eau *fait fermeture* et dispense d'un piston joignant exactement. Improvisé avec une grosse tonne défoncée qu'on renverse dans une large cuve, cet appareil est très-commode pour ventiler un puits en voie de fonçage, une longue galerie encore sans débouché. Si on lui demande d'aérer toute une mine, il devra, bien entendu, être construit sur de grandes dimensions. On dispose alors deux vastes cloches de tôle qui, suspendues aux deux bras d'un balancier, mon-

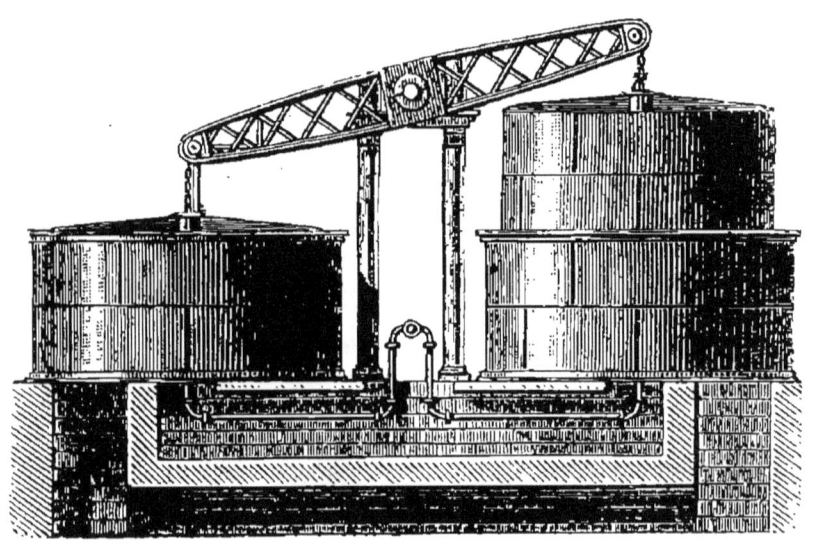

Aspirateur à cloches.

tent et descendent alternativement dans deux cuves en tôle également : le tuyau d'aspiration de chaque cloche communique au puits par de larges canaux.

Quel que soit le système, ventilateurs tournants, pompes à air, appareils à cloches, les machines d'aérage demandent pour être mises en mouvement une certaine somme de force motrice, qui varie, naturellement, suivant les exigences du service : la force de 6 à 12 chevaux peut passer pour une moyenne. Si cette force doit être fournie par une machine à vapeur, sa consommation en combustible représentera une dépense très-faible, comparée à celle du combustible qu'il eût fallu brûler sur une grille pour obtenir un courant d'air équivalent; à ce point de vue encore les ventilateurs mécaniques méritent donc toute préférence.

Machines motrices.

Moteurs hydrauliques. — Les divers services d'une mine, l'extraction, l'aérage, la manœuvre des fahr-kunsts là où ils existent, l'épuisement surtout, exigent, comme nous l'avons vu, une dépense de force motrice parfois énorme. A part les petites exploitations qui emploient encore le manége pour l'extraction et l'épuisement par des bennes, le mouvement est demandé aux deux grandes sources de travail mécanique exploitées par l'industrie : l'eau, la vapeur.

L'eau est un moteur économique. Mais cette force n'est pas partout à notre disposition ; il faut la prendre là où la nature l'offre. Les mines étant assez généralement situées dans des régions accidentées et montagneuses, il n'est pas rare qu'il se rencontre aux environs un cours d'eau, torrent ou rivière; mais encore faut-il que ce cours d'eau ait une pente telle qu'on puisse y créer une chute à cet endroit. Ces conditions sont-elles remplies, on détourne par un canal tout ou partie de l'eau du ruisseau ou de la rivière jusque sur les haldes du puits. Là, la chute qui rachète la pente du lit naturel permet d'établir une roue hydraulique. Cette roue peut être construite suivant un système quelconque : tantôt l'eau violemment lancée heurte d'un choc puissant les palettes de la roue (*roue en dessous*), tantôt elle agit en les chargeant de sa pression (*roue de côté*). Mais le système le plus commode, s'il s'agit de l'extraction, est celui des *roues à augets*, où l'eau déversée au haut de la roue remplit les augets, et agit par son poids; les augets pleins descendent d'un côté, et remontent de l'autre, renversés et vides. Quel que soit le système, si le moteur doit mettre en activité un mécanisme tournant d'un mouvement continu et *toujours dans le même sens*, tel qu'un *ventilateur à ailettes* (aérage), la transmission se fait de la manière la plus simple, à l'aide de courroies, d'engrenages. — Quand la machine doit commander le jeu alternatif des pompes, une manivelle, directement fixée au gros arbre (essieu) de la roue, communique, par l'intermédiaire d'une *bielle*, le mouvement d'oscillation à un énorme balancier de bois. La manivelle en tournant, élève et abaisse alternativement la bielle *articulée* à l'une des extrémités du balancier, fait incliner celui-ci successivement dans un sens et dans l'autre ; la maîtresse-tige *attelée* à l'autre extrémité du balancier est à chaque tour soulevée par la force de la roue, puis, redescendant, foule par son propre poids les pistons des pompes ainsi que nous l'avons dit. Ce mécanisme est fort simple ; mais quand on se sert d'une roue hydraulique pour l'épuisement, il est nécessaire de subdiviser le travail ; sans quoi la machine aurait un effort excessif à faire pendant un demi-tour, et pendant l'autre demi-tour, n'ayant aucune force à produire, serait entraînée avec une rapidité désordonnée. Le système de la manivelle, de la bielle et du balancier est donc répété en double ; et les pompes sont distribuées sur deux maîtresses-tiges plus légères, la machine étant disposée de telle sorte que les deux balanciers aient un mouvement contraire, l'une des tiges descendant pendant que l'autre monte. De la sorte l'effort exigé du moteur est continu et régulier. Une semblable disposition permet de transmettre le mouvement à la tige ou aux deux tiges d'une *échelle mobile*, aux *cloches* ou aux *pistons* d'un *aspirateur* d'aérage à mouvement alternatif.

Les roues à augets sont souvent employées pour l'extraction, notamment dans les mines du Harz. La roue motrice est établie à peu de distance du puits ; le double tambour, ou mieux les deux bobines où s'enroulent les câbles peuvent être tout simplement fixées sur l'arbre de la roue. Chaque câble passe de la bobine sur la molette correspondante, établie au haut du chevalet, sur le puits. Mais le service d'extraction exige que la machine marche alternativement en avant et en arrière; de plus, qu'elle puisse s'arrêter court, ralentir à volonté ou accélérer son mouvement. On satisfait à toutes ces conditions par une disposition ingénieuse. La roue motrice est double; il y a, en réalité, deux roues montées sur le même arbre, et accolées l'une à l'autre, la seconde construite à l'*envers* de la première : je veux dire que la position des augets y est inverse, et que l'eau s'y déverse du côté opposé. L'une des roues, quand l'eau y arrive, fait tourner l'arbre dans un sens; l'autre en sens contraire. Le *coursier* (canal) qui amène l'eau motrice est pourvu de deux *versoirs* opposés, chacun muni d'une *vanne*, petite écluse en forme de pelle d'étang, qui soulevée ou abaissée à l'aide d'un levier, ouvre ou ferme passage à l'eau. En soulevant l'une ou l'autre des deux vannes, on dirige l'eau sur l'une ou l'autre des deux roues; en la soulevant plus ou moins, on ouvre à l'eau un passage plus ou moins large. Un seul ouvrier, agissant sur les leviers des vannes, fait mouvoir la machine en avant ou en arrière, arrête, presse ou modère à son gré le mouvement. — N'est-ce pas chose magique, quand on y pense, que la force sauvage et violente des eaux du torrent puisse être à ce point brisée, contenue et pour ainsi dire apprivoisée, qu'elle obéisse à la volonté de l'homme avec une si étonnante docilité?

Quand les eaux voisines ont au contraire peu de courant, une pente insuffisante pour créer une chute, on peut encore leur emprunter de la force motrice, pourvu que la mine possède une galerie d'écoulement. On amène alors les eaux dans la mine elle-même; ce qui produit une chute d'autant plus considérable que la galerie est située plus profondément. Les eaux de la surface, conduites par des canaux, se précipitent sur la roue, établie alors en contre-bas du sol dans *une chambre* souterraine en communication avec le puits. On peut même obtenir plusieurs étages de chutes, avec plusieurs roues superposées, destinées à mettre en mouvement les divers appareils d'extraction, d'aérage, les pompes d'épuisement pour les étages situés en contre-bas de la galerie d'écoulement. L'eau descend d'une roue sur l'autre, et finalement s'enfuit par la galerie. Un simple filet d'eau, avec de telles hauteurs de chute, peut développer un travail mécanique énorme. Voilà pourquoi nous disions que ces longues galeries d'écoulement qui drainent, comme au Harz, à Schemnitz, de vastes districts miniers, créent une source inépuisable de force mécanique pour toutes les mines du groupe. Les ruisseaux du plateau, captés à la surface, s'engloutissent dans les abîmes : dans leur trajet ténébreux, se précipitant de puits en galeries, ils mettent en mouvement toutes les fantastiques machines qui se meuvent dans ces ombres ; puis se réunissant dans un même lit, ils forment la rivière souterraine aux eaux calmes que le grand canal ramène enfin au jour au fond de quelque large vallée.

Machines motrices à vapeur. — Quant aux machines à vapeur, ne pouvant entrer dans les détails de leur ingénieux mécanisme, ce qui serait sortir de notre sujet, nous devons nous borner ici à quelques indications sommaires sur la construction et le mode de fonctionnement des machines spécialement adaptées aux exigences de divers services de l'exploitation. Elles en remplissent admirablement les programmes si variés; et, comme on sait, c'est justement dans les travaux des mines qu'au siècle dernier la machine à vapeur, dans toute son imperfection primitive et sous sa forme la plus simple, trouva sa première application sérieuse; c'est par là qu'elle fit son entrée dans le domaine de l'industrie, où elle devait bientôt jouer un rôle si merveilleux.

L'organe essentiel de la machine à vapeur est un cylindre fermé, en forme de corps de pompe, à l'intérieur duquel se meut un piston; la vapeur, plus ou moins fortement comprimée, arrivant de la chaudière par des *conduits* (tuyaux) convenablement disposés, peut être *admise* (introduite) à un moment donné dans le cylindre ; elle agit alors en exerçant un effort énorme de pression contre la surface du piston, le pousse, le contraint de se mouvoir, entraînant dans son mouvement toutes les pièces mobiles du mécanisme. C'est à l'*épuisement* que la machine à vapeur fut tout d'abord employée ; ici, en effet la donnée n'est pas très-compliquée, puisqu'il s'agit seulement de soulever à une certaine hauteur la maîtresse-tige, qui, redescendant d'elle-même, par son propre poids mettra en action le système des pompes. La disposition la plus simple qu'on puisse imaginer — et c'est en même temps la meilleure — consistera à lier directement la tête de maîtresse-tige à ce piston, à cette pièce mobile première sur laquelle s'exerce la force de la vapeur. — Imaginez donc, établi à l'aplomb du puits, sur un solide plancher qui en ferme l'orifice, un vaste cylindre creux, vertical, fermé à ses deux extrémités : la plaque inférieure seulement est percée d'une ouverture convenablement garnie d'étoupes, par laquelle peut glisser, sans laisser aucunement échapper la vapeur, la tige cylindrique qui fait corps avec le piston. À l'extrémité extérieure de cette tige se suspend, par une solide armature de fer, la maîtresse-tige des pompes. De larges tuyaux aboutissant au cylindre, sont destinés à la circulation de la vapeur motrice ; et ces conduits peuvent être alternativement fermés ou ouverts par des soupapes qui font l'office de robinets. La vapeur arrivant de la chaudière à travers un long conduit peut être arrêtée au passage par une première soupape. Supposons celle-ci ouverte : la vapeur se précipite par un orifice qui l'amène dans le cylindre, à la partie inférieure, sous le piston. Son puissant effort de pression soulève le piston, malgré le poids énorme dont il est chargé, le fait monter jusqu'au haut du cylindre. — Voilà tout le travail

11

demandé à la vapeur : son rôle actif est accompli
La soupape qui lui avait donné entrée, la soupape
d'*admission* est alors refermée ; une autre s'ouvre
qui fait communiquer par un large conduit latéra
les deux extré
mités du cylin-
dre. La vapeur
peut alors se
répandre éga-
lement au haut
et au bas du cy-
lindre, au des-
sus et au des-
sous du piston.
Exerçant alors
sur les deux
faces du piston
deux pressions
égales et op-
posées qui se
neutralisent ré-
ciproquement,
se font récipro-
quement équi-
libre , la va-
peur n'a plus
d'action : le pis-
ton est devenu
absolument li-
bre. Le poids
de la maîtres-

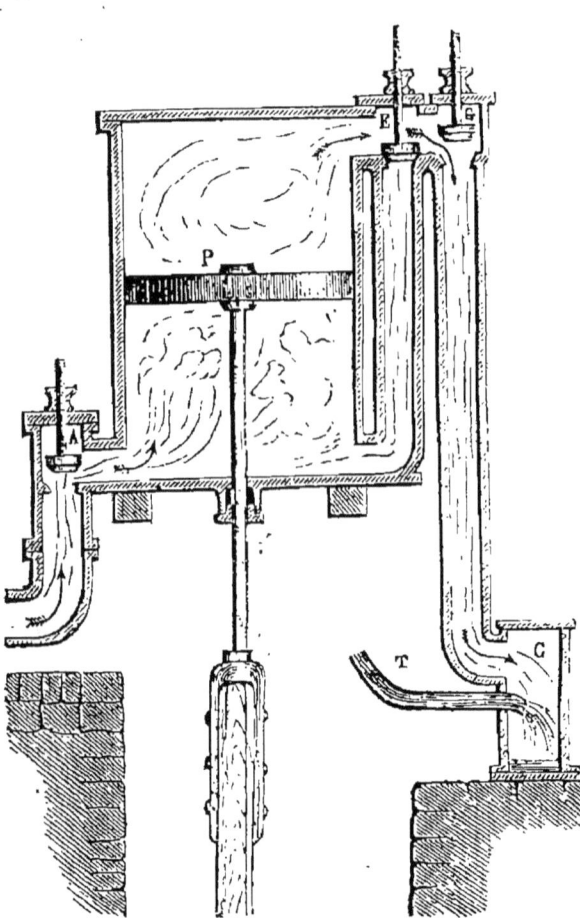

Coupe théorique d'une machine à vapeur à simple effet pour l'épuisement. P, piston; A, soupape d'admission ; G, s. de dégagement ; E, s.
d'équilibre; C, condenseur; T, tuyau appor-
tant l'eau froide.

se-tige qui le
charge le fait
redescendre
jusqu'au bas du
cylindre, et la

vapeur qui était sous le piston passe au-dessus par
le conduit latéral. Le double mouvement d'oscillation est accompli ; les pompes ont donné un coup,

le piston de la machine est revenu à sa position première au bas du cylindre : la même manœuvre peut recommencer. La soupape d'*équilibre* se referme : la soupape d'*admission* se rouvre. — Mais que nous servirait de faire agir la pression de la vapeur arrivant de la chaudière *sous* le piston, si celle qui vient de passer *au-dessus* contre-balance cet effet par la sienne, et reste là, emprisonnée, s'opposant au mouvement du piston ? Cette vapeur qui a produit son effet utile est désormais un obstacle ; il faut s'en débarrasser, lui ouvrir un passage. C'est le rôle d'une troisième soupape, qui, s'ouvrant au haut d'un conduit latéral, fait communiquer la partie supérieure du cylindre avec une capacité fermée et constamment maintenue froide, qu'on appelle le *condenseur*. A l'intérieur jaillit en pluie un jet d'eau froide. Au contact des parois rafraîchies, de l'eau, la vapeur se refroidit, se *condense* presque instantanément, reprend l'état liquide, en perdant toute sa force de pression. Cette puissance irrésistible d'expansion que la chaleur du foyer lui avait donnée, par une action inverse le refroidissement la lui enlève, la fait subitement évanouir. La vapeur condensée, un *vide* presque complet est fait sur le piston, tandis que sa face inférieure subit l'effort de la vapeur qui vient de la chaudière ; il va pouvoir remonter sans obstacle. Le même jeu des pressions, les mêmes alternatives d'ouverture et de fermeture des soupapes se reproduisent à chaque oscillation. Les soupapes sont ouvertes et fermées en temps opportun à l'aide d'une série de leviers et de contrepoids que nous ne pouvons décrire ici en détail, et que la machine elle-même met en action, suffisant ainsi à l'entretien de son propre mouvement. Des appareils accessoires s'y adjoignent ; une pompe spéciale enlève à mesure du condenseur l'eau échauffée au contact de la vapeur, et qui sans cela, affluant sans cesse, en aurait bientôt rempli la capacité. — Telle est, esquissée à grands traits, la disposition ingénieuse, originale, des machines d'épuisement les plus usitées aujourd'hui. Successivement perfectionnées depuis l'origine dans le détail du mécanisme, elles comptent parmi les plus puissantes, les plus parfaites de toutes les machines à vapeur : celles qui, pour une somme donnée de *chaleur* dépensée, rendent une somme plus grande de *travail*, d'effet utile. Cette production de force exigée du moteur sera, bien entendu, en raison de l'importance du service d'épuisement de chaque mine ; et les dimensions de la machine varieront dans le même rapport. Dans les puits profonds des grandes exploitations, pour élever à une telle hauteur les eaux qui affluent avec une abondance extrême, la dépense de travail mécanique nécessaire est énorme : les machines qui les desservent sont douées d'une puissance formidable, qui va jusqu'à 200, 400, 600 chevaux ; elles sont construites sur des dimensions grandioses. Le cylindre peut avoir 3 mètres de hauteur, un diamètre de 1 mètre 50 à 2 mètres 50. Une telle machine est réellement une belle pièce de mécanique, monumentale d'aspect, se mouvant avec une lenteur majestueuse. Entre chaque oscillation double il y a ordinairement un instant de repos ; le nombre de coups que le piston doit donner par minute se proportionne à l'affluence variable des eaux ; et la *distribution* de la vapeur est réglée en conséquence à l'aide d'un appareil accessoire nommé *cataracte*, qui commande le jeu des soupapes. En agissant sur un simple robinet de la cataracte, le mécanicien hâte à son gré ou ralentit le rhythme du moteur. — Les machines construites sur ce type sont souvent désignées sous le nom de *machines de Cornouailles*, parce que c'est dans cette région minière qu'elles ont reçu leur forme définitive et leurs plus importants perfectionnements : mais il y en aussi de fort belles dans nos grandes mines françaises. — Certains de ces moteurs diffèrent dans leur disposition de celui que nous venons de décrire en ce que la tige du piston, au lieu d'être directement liée à celle des pompes, lui communique le mouve-

Machine d'épuisement à mouvement direct.

ment par l'intermédiaire d'un énorme balancier. — Des machines construites sur la même donnée, mais de force et de dimensions réduites, servent à mettre en mouvement la tige ou les tiges des *échelles mobiles*.

Le moteur que nous venons de décrire est du genre de ceux qui portent le nom de machines à *simple effet* : ce qui signifie que la vapeur n'agit sur le piston que dans un seul sens, pendant une seule des deux périodes successives du mouvement alternatif. Dans presque toutes les machines destinées à une autre fonction qu'à l'élévation des eaux, il est nécessaire, au contraire, que la force motrice travaille, développe son effort successivement dans les deux sens opposés. Il faut alors que la vapeur venant de la chaudière exerce sa pression alternativement sur les deux faces du piston : la machine est dite à *double effet*. Dans ces appareils la *distribution,* la circulation de la vapeur peut être commandée par quatre soupapes, fonctionnant alternativement : deux soupapes d'*admission* laissant entrer la vapeur à l'une ou à l'autre extrémité du cylindre, deux soupapes d'*échappement* offrant à la vapeur qui a produit son effet utile une issue vers le condenseur. Presque toujours cependant cet ensemble compliqué de soupapes est remplacé par une pièce mobile appelée *tiroir*, qui à elle seule en remplit les fonctions, ouvre et ferme en temps opportun les conduits. — Enfin dans beaucoup de cas, au lieu de *condenser* la vapeur par le refroidissement dans un espace fermé, on se contente de la faire échapper librement dans l'air. Alors la contre-pression de la vapeur qui a produit son effet utile n'étant pas annulée, mais réduite seulement à la simple pression atmosphérique, on est obligé de produire dans la chaudière la vapeur motrice sous une pression beaucoup plus considérable. Les machines ainsi construites sont appelées pour cette raison machines à *haute pression*, tandis que celles où la vapeur est condensée sont dites machines à *moyenne* ou à *basse* pression. Les machines à haute pression ont le bénéfice d'une simplicité plus grande ; tout un ensemble de pièces accessoires y est supprimé en même temps que le *condenseur* : mais, par contre, elles sont moins avantageuses sous le rapport de l'économie, de l'utilisation de la force motrice. En général, dans les services miniers comme dans les autres industries, les machines puissantes sont à *condensation* ; les petites, pour plus de simplicité, sont à haute pression.

La machine à double effet peut transmettre directement son mouvement alternatif aux appareils *oscillants*, tels qu'échelles mobiles, cloches et aspirateurs divers pour l'aérage. Mais d'autres services de l'exploitation demandent un mouvement de *rotation* continue. Le moteur se trouve alors dans la même condition que les machines à vapeur ordinaires usitées dans les diverses industries. Le mouvement oscillant du piston est transmis au moyen d'un balancier et d'une bielle, plus souvent encore d'une bielle seule, à la *manivelle* d'un *arbre* principal, gros, essieu de fer tournant. Nous n'insistons pas sur ce mode de transmission et de transformation du mouvement, qu'on a mille occasions d'observer. De l'axe tournant principal, le mouvement se communique par les moyens ordinaires d'engrenages ou de courroies aux appareils qui doivent être mis en action. Mais quand il s'agit de l'extraction, la machine doit pouvoir varier de vitesse à volonté, s'arrêter subitement, marcher en avant ou en arrière. Pour remplir ce programme, on la construit *double* ; on la compose de deux machines accouplées, agissant sur le même axe : disposition identique à celle d'une *locomotive*, soumise elle aussi aux mêmes conditions de variation de vitesse, d'arrêt, de changement de marche. Les deux *bobines* où s'enroulent les câbles sont directement fixées sur l'axe principal. Ainsi construite la machine est extrêmement docile ; en agissant sur le mécanisme qui *distribue* la vapeur motrice, le machiniste la gouverne avec la plus grande précision.

Machine à pression d'eau. Enfin nous devons encore citer une machine hydraulique dite à *pression d'eau,* qui, quoique mise en mouvement par l'eau, est construite sur le principe et le plan des machines à

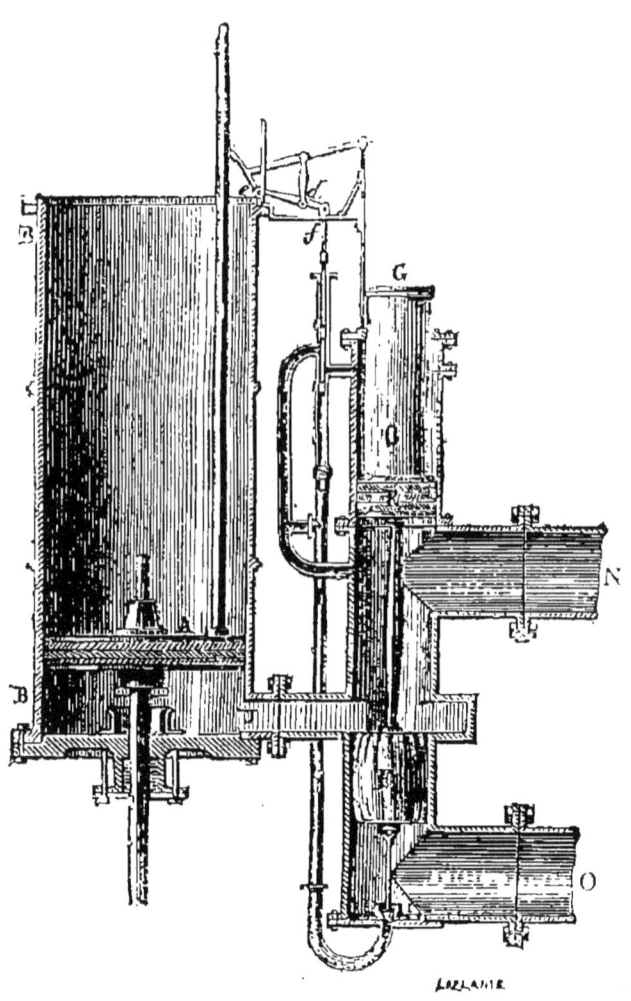

Machine à pression d'eau. A, piston ; E, F, petits pistons jouan le rôle de soupapes ; N, entrée de l'eau ; O, sortie.

vapeur à simple effet, et sert comme elles à l'épuisement. L'eau motrice n'est dépensée qu'en faible quantité, mais elle doit avoir une grande hauteur de chute, pour exercer une puissante pression ; condition qui peut assez souvent se trouver réalisée dans les mines. Amenée par un gros tuyau vertical dans un vaste cylindre, sous un piston, elle exerce contre ce piston son effort de pression, le soulève jusqu'au haut du cylindre, entraînant le poids énorme de la maîtresse-tige. Le conduit qui amenait l'eau motrice est alors fermé; et un autre s'ouvre, donnant issue au dehors à celle qui se trouve sous le piston. Le piston redescend donc, en expulsant l'eau qui a produit son effet utile. Puis le même jeu recommence. Une ingénieuse combinaison de petits pistons, disposés dans un tuyau latéral, et jouant le rôle des soupapes de la machine à vapeur, ou si vous voulez, de robinets, ouvre et ferme alternativement les conduits servant à l'*admission* et à l'*expulsion* de l'eau : ils sont mis en action par la machine elle-même, qui entretient ainsi son propre mouvement. — Ces belles machines, dont une faisant la force de 70 chevaux-vapeur a fonctionné à la mine de plomb d'*Huelgoat* (Bretagne), comptent parmi les plus originales productions du génie industriel moderne.

Éclairage.

Dans les mines que n'infeste pas le redoutable grisou, la question de l'éclairage est très-simple. De petites chandelles de suif, implantées dans une boule d'argile molle que l'on colle où l'on veut, ou dans un grossier chandelier de fer, constituent un moyen tout rustique, encore en usage dans beaucoup de mines, surtout en Angleterre. La lampe, plus propre et plus commode, est aujourd'hui presque partout adoptée.

« Ma lampe est mon soleil.... »

dit je ne sais quelle chanson de mineur. — Pâle soleil, sans rayonnement et sans joie! — Pauvre, plutôt, vacillante étincelle, qui écarte à peine autour d'elle les épaisses ténèbres souterraines, dont la lumière meurt à quatre pas, absorbée par la nuit. —

La lampe est l'amie du mineur. C'est comme un petit être, faible et triste, qu'il a auprès de lui. Sa lueur, c'est tout ce qu'il a du jour. Elle veille pour lui, l'avertit du danger. Cette petite flamme est sensible à l'excès; dès que l'air s'appauvrit, se charge d'émanations, avant même que l'homme s'en aperçoive, elle en est affectée. Si la flamme languit, s'entoure d'un cerne bleuâtre, c'est signe que l'acide carbonique se mêle à l'air. Lorsqu'il s'y accumule en proportion dangereuse, elle semble prête à défaillir. Le travailleur alors doit soulever sa lampe vers la voûte, là où l'air est moins altéré par le mélange du gaz pesant, appeler ses compagnons et se retirer sans attendre que l'asphyxie soit rendue imminente, qu'un malaise général envahisse tout son être, que ses forces épuisées le trahissent, fassent tomber l'outil de ses mains et chanceler ses jambes alourdies. On reprendra les travaux après qu'un rapide courant d'air, dirigé vers les lieux envahis, aura balayé la mofette (mauvais air) perfide. Se hasarde-t-il dans quelque galerie basse, peu fréquentée, le mineur interroge sa lampe : elle lui révèlera la présence de l'invisible ennemi. Parfois il la porte devant lui, accrochée à une longue perche, sondant les anfractuosités; ou bien il la fait descendre avant lui dans les puits, au bout d'une corde. Là où elle s'éteint.... — mais il est averti.

Dans les mines où le grisou n'est pas à craindre, la seule condition imposée à la lampe du mineur est d'être solide, facile à accrocher aux boisages, de se renverser difficilement. Elle doit être pourvue d'une tige terminée en pointe ou en crochet : on introduit la pointe dans une fente du roc, on la fiche dans le bois d'un étai. Divers modèles satisfont assez bien aux exigences de la pratique. La lampe des houillères de Saint-Étienne est ovale, suspendue à un étrier de fer; celle des mines du Harz rappelle la forme des lampes antiques en terre cuite, qui veillaient près des tombeaux. La lampe d'Anzin est en fer blanc, et se porte au chapeau; celle de Saxe a la forme d'une petite lanterne. D'autres formes sont de tradition ailleurs, à peu près également acceptables. Mais dans les mines *à grisou* la question de l'éclairage devient une question de vie ou de mort. Ce n'est pas que la lampe, là aussi, ne donne au mineur de précieux avertissements. Mais d'autre part elle-même crée le danger le plus imminent : elle peut mettre le feu au grisou et provoquer sa détonation.

Nature du grisou. Avant toute chose rendons-nous compte de la manière de brûler de ce gaz. — Un gaz inflammable, tel que le gaz d'éclairage ou le grisou, *ne peut brûler sans air*, pas plus qu'un autre combustible. Il brûle en se *combinant*, en s'unissant à la partie respirable de l'air, *l'oxygène*, et en produisant, en *dégageant* de la chaleur et de la lumière. Là où il n'y a pas d'air, la combustion ne saurait avoir lieu. — Voyez allumer un bec de gaz. Le robinet étant ouvert, à mesure que le gaz sort par la petite fente, il se mêle à l'air extérieur : si on en approche une allumette enflammée, il prend feu et brûle; mais il brûle tranquillement, parce qu'il n'arrive qu'en petite quantité à la fois, et ne peut brûler qu'à l'orifice, là même où il se mélange à l'air. — Faisons une expérience. Supposez que nous coiffions un bec de gaz, éteint et ouvert, d'une bouteille retournée l'orifice en bas. Le gaz, plus léger que l'air, monte comme une fumée invisible vers le fond de la bouteille, peu à peu la remplit : en quelques instants il déborde par le goulot renversé. Retirons la bouteille, et sans la retourner, approchons de l'orifice une allumette enflammée : le gaz prend feu. Mais j'ai supposé la bouteille *complétement remplie* : il n'y a donc contact, mélange possible, entre le gaz inflammable qui est en dedans, et l'air du dehors nécessaire pour le brûler, qu'à l'ouverture. Il y brûlera donc tranquillement. On voit une flamme vacillante qui se propage à l'intérieur et lèche les parois. *Il n'y a pas d'explosion.* Mais supposez que nous retirions la bouteille tandis qu'elle n'est encore qu'à moitié ou au quart remplie. Bouchons-la de la main, renversons-la une ou deux fois. Le gaz agité va se mêler avec ce qui restait d'air dans la bouteille. Et alors si nous approchons une allumette enflammée, le gaz va prendre feu, et la combustion cette fois va se propager instantanément, se faire à la fois dans toute la capacité de la bouteille, — puisque d'avance le gaz est mélangé avec l'air qu'il lui faut pour brûler. Or cette combustion instantanée d'une certaine masse de gaz inflammable, produisant un subit et intense dégagement de chaleur, une *dilatation* violente de la masse gazeuse avec un effort soudain de pression, une secousse — c'est ce qui constitue l'*explosion*. Dans cette expérience, avec une si faible quantité (1/3 ou 1/4 de litre) de gaz, la détonation pourrait déjà être dangereuse, briser le vase, en lancer au loin les éclats tranchants, si la bouteille, au lieu d'être ouverte et d'offrir un large passage à la flamme qui s'échappe, était fermée d'un bouchon. Jugez de ce que peut être l'explosion d'une masse de gaz inflammable de plusieurs mètres cubes!

Combustion et explosion du grisou. Le *grisou* est un gaz qui se dégage naturellement de la houille, des schistes imprégnés de matières charbonneuses, du sel gemme. Il est, avons-nous dit, analogue à notre gaz d'éclairage, que nous extrayons de cette même houille par l'action du feu, dans nos usines à gaz. Certaines houilles sèches, certaines couches situées peu profondément n'en dégagent qu'une quantité insignifiante; mais les houilles *grasses* en laissent échapper en abondance, surtout dans les couches profondes. Souvent on entend le long des tailles comme un petit bruissement du grisou qui pétille, de la houille qui *décrépite* comme du sel sur le feu... Avis au mineur! — Parfois, chose plus dangereuse, le pic de l'ouvrier vient à donner jour à des fentes plus ou moins profondes, remplies de grisou accumulé : le gaz fuit par la fissure, comme un souffle rapide : c'est la source qui jaillit tout à coup avec violence et inonde les tailles... Cela s'appelle un *soufflard*. Le grisou, par sa légèreté, tend à s'élever vers les voûtes; si l'air est tranquille, il s'y accumule; mais si l'atmosphère est agitée par une ventilation active, il est entraîné, et se mélange rapidement à l'air.

Supposons maintenant qu'un mineur pénètre avec sa lampe dans une galerie où l'air est mêlé de grisou; si le gaz inflammable mélangé forme seulement la 30e partie de la masse d'air, proportion sans danger encore, déjà la flamme de la lampe en donne avis; elle s'élargit notablement. Lorsque la quantité de gaz devient double ($\frac{1}{15}$) la flamme très-élargie prend un aspect inquiétant : il est temps, temps de fuir! que le mineur éteigne sa lampe et se retire en tâtonnant dans les ténèbres... Car si le grisou arrive à la proportion du $\frac{1}{12}$ ou du $\frac{1}{10}$ le gaz prend feu subitement; une effroyable explosion s'en suit, et d'irréparables désastres. La détonation est la plus forte possible quand le grisou mêlé à l'air forme $\frac{1}{8}$ de la masse.

Lors au contraire que le grisou s'est élevé vers la voûte des galeries et s'y est accumulé, très-incomplétement mélangé à l'air tranquille, les choses se passent autrement. Au contact de la lampe, le gaz prend feu encore et brûle, mais sans explosion. La flamme se propage en serpentant sous les voûtes; c'est comme une traînée de poudre. Le danger, alors, c'est qu'en se propageant de proche en proche, elle n'aille au loin communiquer le feu en quelque partie où séjourne une masse détonante de grisou mélangé d'air; ce qui ferait comme le tonneau de poudre au bout de la traînée. Tel accident est arrivé plus d'une fois.

Le péril naît donc du contact de la lampe allumée et du gaz inflammable. Aux premiers temps de l'exploitation des houillères, les accidents furent fréquents et désastreux. Dans les *chantiers* où le grisou était abondant, on travaillait sous le poids d'une éternelle menace. Mille circonstances imprévues pouvaient dé-

jouer et déjouaient en effet les mesures prises, vains
palliatifs. La seule garantie de sécurité était l'observation constante de la lampe. On n'avait dans les
tailles que le moindre nombre possible de lampes;
mais c'était trop d'une! On les plaçait près de terre,
le grisou tendant toujours à s'élever vers le haut des
excavations. Les mineurs devaient toujours avoir l'œil
sur la flamme, s'avertir réciproquement, éteindre
leurs lampes si l'élargissement considérable indiquait
une proportion inquiétante de grisou, et se retirer
dans les ténèbres. Mais où s'arrêter? — Car il y en
avait toujours, du grisou; et toujours la flamme était
dilatée plus ou moins : comment apprécier le moment précis où le danger commence? On craignait
de se montrer trop timide, d'interrompre inutilement
les travaux. L'insouciance, un instant d'oubli ren-
daient vain l'avertissement de la lampe. Ou bien
c'était l'invasion subite de l'ennemi, un soufflard tout
à coup débouché, augmentant subitement la proportion du gaz inflammable. — Pour obvier à ces conséquences funestes de la combustion instantanée d'une
masse considérable de gaz, on osa imaginer de mettre
exprès le feu au grisou à intervalles rapprochés, de le
brûler par petites parties, avant qu'il eût le temps de
s'accumuler en grandes quantités. — On avait ainsi
le danger en détail, au lieu de l'avoir en bloc...
D'autre part, pour que le gaz se mélangeât le moins
possible avec l'air, et pût brûler sans explosion, il
fallait le laisser se répandre en repos, craindre de le
troubler par une ventilation un peu vive : c'est-à-dire
d'un autre côté, s'interdire le moyen naturel d'expulser l'ennemi, le garder là pour lui livrer bataille
dans son fort. — Dans les mines du Midi, chaque
soir, après la retraite des ouvriers, un homme, coura-
geux entre tous, se dévouait pour le salut commun.
Couvert d'un épais vêtement de cuir mouillé, le visage protégé par une capuce rabattue sur ses yeux,
il allait rampant sur les genoux, le long des galeries
et des tailles, s'effaçant dans les angles ; portant une

mèche allumée au bout d'une longue perche, il sondait les anfractuosités des voûtes. On l'appelait le *pénitent*, à cause de son costume, rappelant la lugubre cagoule des pénitents dans les processions, — ou bien peut-être y sentait-on comme une allusion à son rôle de victime expiatoire. — Le grisou prenait feu ; souvent c'était sur sa tête comme un torrent de flammes dans la galerie ; il entendait le bruit d'explosions lointaines ; parfois un souffle brûlant et impétueux le terrassait. Après lui, le grisou étant brûlé, les ouvriers pouvaient entrer dans la mine et se mettre au travail. Mais le pauvre pénitent courait de tels dangers, qu'un grand nombre de ceux qui passaient par l'épreuve y périssaient. Et, en certaines mines, il fallait deux fois, trois fois par jour, recourir à cette mesure extrême. En Angleterre, c'était *fireman*, l'homme du feu, qu'on appelait l'homme chargé de la périlleuse mission.

Cela ne pouvait point durer. On fit d'abord un notable progrès en inventant les *lampes éternelles*. C'était des lampes que l'on entretenait toujours allumées et suspendues vers la voûte des galeries, aux points où se rassemblait naturellement le grisou. Il s'y brûlait à mesure qu'il y arrivait. — A chaque instant on voyait, autour de la lampe suspendue, une flamme bleuâtre qui se propageait comme un serpent de feu, rampant sous les voûtes ; on entendait un bruissement, de faibles détonations : c'était le grisou qui prenait feu. On espérait ainsi le détruire avant qu'il eût pu s'accumuler en quantité dangereuse. — Ces mesures étaient bien insufisantes. Toutes, d'ailleurs, offraient un inconvénient grave : c'est qu'elles obligeaient à restreindre la ventilation pour ne pas mélanger le grisou ; précaution qui d'autre part allait contre le but. Il est bien évident, au contraire, que dans une mine à grisou on ne saurait se débarrasser trop vite d'un hôte aussi perfide. Malgré ces palliatifs, des explosions avaient encore lieu, trop fréquentes ; les accidents étaient terribles. — Imaginez une secousse effrayante, des torrents de feu ; les étais ébranlés craquant de toutes parts, et de vastes éboulements se propageant dans les tailles; tout obstacle arraché, brisé, les débris lancés avec une violence extrême, l'incendie allumé dans les boisages.... Imaginez, dis-je, tout cela se produisant instantanément dans un chantier où travaillent 200, 300 ouvriers! c'est une horreur indescriptible. A la détonation épouvantable succède un silence de mort. Pour comble de désastre, l'atmosphère des travaux où vient d'éclater le grisou est devenue irrespirable : la combustion du gaz a dévoré tout l'oxygène... et l'asphyxie achève irrémédiablement ceux qui auraient pu survivre à l'explosion. — Toutes les portes d'aérage sont en pièces, les machines même du puits ont subi des avaries graves. Les appareils de ventilation installés à l'orifice ont été disloqués par la secousse de l'air. Les travaux de secours, périlleux eux-mêmes au suprême degré, avancent lentement, — que dis-je? il n'y a nul secours à porter; il ne s'agit plus que de relever des restes mutilés. — Telles sont les conséquences d'une explosion de grisou dans la mine. Les annales du travail sont pleines de ces lugubres histoires, avec de navrants détails et les listes des morts... 50 ici; là 60; un jour, en Angleterre 400! c'est un martyrologe. Et malgré tout ce qu'a pu faire le génie humain, de telles catastrophes ont encore lieu de nos jours; rarement, il est vrai, grâce à une invention merveilleuse.

Lampes de sûreté. C'était en 1817. Bien des vaines tentatives avaient été faites. On avait, par exemple, imaginé d'éclairer les ouvriers par la lueur de certaines substances *phosphorescentes*, qui brillent faiblement dans l'obscurité comme la trace du frottement d'une allumette chimique; ailleurs c'était une roue d'acier qu'un ouvrier faisait tourner, et contre laquelle il appuyait un morceau de grès; une gerbe d'étincelles jaillissait continuellement, et éclairait un espace restreint environnant de reflets rougeâtres. Mais la lumière était décidément insuffisante. Un grand nombre de mines avaient été abandonnées comme inabordables ; si d'autres étaient maintenues en exploitation, les accidents étaient fréquents. Une terrible et meurtrière explosion venait encore d'avoir lieu en Angleterre. Le chimiste Davy avait entamé une série d'expériences, qui le conduisirent enfin à la solution du problème. Il avait reconnu que la flamme d'un gaz embrasé ne pouvait traverser un treillis de fils métalliques formant comme une toile fine et serrée. Il imagina d'entourer la flamme de la lampe du mineur d'une semblable toile. La *lampe de sûreté* était inventée. (Voir la figure à la page de titre.)

La lampe de Davy est une lampe ordinaire de mineur de faible dimension, dont la flamme est renfermée dans une enveloppe cylindrique de toile métallique. Cette enveloppe close par en haut, est fixée solidement par le bas sur la lampe ; de telle sorte que l'air ne peut arriver à la flamme ni les produits de la combustion s'échapper sans traverser les mailles étroites et serrées de la toile. Cette sorte de fourreau doit être très-étroit (4 cent. de diamètre environ) ; la toile métallique doit être formée de fils de 1/4 de millimètre de diamètre, et offrir au moins 12 fils par centimètre en chaque sens, ce qui forme 144 mailles par centimètre carré. Une sorte de cage, formée de quelques barreaux en gros fils de fer, garantit contre les chocs l'enveloppe protectrice.

Lorsque la lampe de sûreté brûle dans une atmosphère chargée de grisou, le premier effet produit, si la proportion est faible (5 0/0), est l'élargissement de la flamme. Cet élargissement va augmentant avec la quantité de gaz : c'est le grisou qui brûle à l'intérieur. Si la proportion de grisou s'accroît encore, la capacité entière de l'enveloppe se remplit de gaz brûlant, au milieu duquel on distingue à peine la flamme pâlie de la lampe elle-même. En pareil cas, si la toile n'existait pas, l'explosion serait inévitable et terrible. Avec la lampe de Davy, le gaz prend feu, il est vrai, mais seulement à l'intérieur de l'enveloppe ; et grâce à la propriété *refroidissante* des toiles métalliques, la flamme prisonnière ne peut traverser et se communiquer au dehors. Les mineurs peuvent donc à la rigueur continuer de travailler dans une atmosphère qui en réalité est éminemment explosive. — Si enfin la proportion du grisou dépasse une certaine limite, subitement la lampe *s'éteint*. Mais les ouvriers n'ont pas dû attendre ce moment pour se retirer. Dans aucun cas donc l'explosion ne saurait avoir lieu. — Toutefois on comprend que cette sécurité est toute entière basée sur la bonne construction, le bon état d'entretien de la lampe, et l'exécution rigoureuse des instructions qui en règlent l'emploi. Que l'enveloppe protectrice de la lampe vienne à s'user, à se déchirer, et l'appareil aura tous les dangers d'une lampe ordinaire — plus encore, car on ne sera pas sur la défiance. Qu'un ouvrier imprudent *ouvre* sa lampe en un moment où le grisou est abondant, une catastrophe peut s'en suivre. Une terrible solidarité met la vie de tous à la merci de la témérité d'un seul. La plupart des accidents qui sont encore survenus depuis l'emploi de la lampe de sûreté ont eu pour cause l'imprudence des ouvriers. Ceux-ci, soit insouciance, soit parce qu'ils ne se rendent pas compte du danger, ouvrent parfois leur lampe, pour voir plus clair, par exemple, ou — chose incroyable ! — pour « s'amuser à voir brûler le grisou ! » Le plus souvent c'est un malheureux fumeur qui n'a pu résister à la tentation d'allumer sa pipe — en cachette, dans un coin, malgré de sévères défenses, trop justifiées ! Un jour cela lui coûte la vie; et non pas à lui seul malheureusement ! On ferait assurément quelque chose pour diminuer le nombre de ces catastrophes, si on donnait aux travailleurs une instruction professionnelle plus complète, qui les mît à même de se rendre compte, *scientifiquement*, des dangers et de la valeur des mesures prises. Car habitués à une vie de périls, leur courage même devient pour eux un péril de plus; ils sont trop portés à considérer les précautions im-

posées comme des minuties incommodes et presque
vexatoires, dictées par des craintes exagérées, un esprit
de réglementation excessif ; minuties dont on peut se
départir sans inconvénient, pourvu que l'ingénieur
n'en sache rien, et qu'on ne soit pas mis à l'amende.
Erreur funeste, qui a coûté bien des vies.

La découverte de Davy fait au grand chimiste anglais une place parmi les bienfaiteurs de l'humanité dont il faut prononcer le nom avec respect. Sa
lampe, pourtant, n'est pas absolument sans reproche.
Le plus grave qu'on puisse lui faire, c'est que la toile
métallique diminue considérablement (de 1/3 environ)
l'intensité déjà si faible de la lumière que verse la
lampe du mineur. Sans s'écarter du principe, on a
modifié, perfectionné l'appareil primitif. Ainsi on a
remplacé une partie du cylindre de toile métallique
par une enveloppe de cristal, à la hauteur de la
flamme : la lumière est restituée dans son intensité
ordinaire. Ces lampes à tube de cristal sont surtout
usitées en Angleterre et en Belgique. En France on
est resté fidèle à la dispositon première, sauf de
petits accessoires destinés à rendre plus commode et
plus sûre la manœuvre de la lampe. Partout on a
organisé une surveillance active. Ainsi les lampes
sont toutes déposées, au jour, dans l'atelier d'un
lampiste expert, qui les visite, les entretient et les
répare. Il les remplit chaque jour, et les remet,
allumées et fermées à clé, aux mineurs qui vont descendre dans les puits. Les lampes sont numérotées ;
chaque mineur reçoit toujours la même, et est res-
ponsable de son entretien. Au sortir du puits, le mineur doit remettre sa lampe au lampiste, qui vérifie
si elle n'a pas été ouverte. Un *lampiste du fond*, ins-
tallé dans un lieu spécial, est chargé de rallumer ou
de remplacer celles qui s'éteindraient ou seraient
avariées pendant la durée d'un poste. — A ce pro-
pos notons l'invention ingénieuse d'un fabricant,
M. Dubrulle, qui dispose sa lampe de telle sorte que
si on veut l'ouvrir elle s'éteint d'elle-même. On ne

saurait avoir trop de méfiance contre les imprudences et les bravades des ouvriers. On recommande surtout aux mineurs de ne jamais *éteindre leurs lampes en les soufflant*, comme ils sont tentés de le faire quand le grisou est en proportion dangereuse ; le souffle pou-

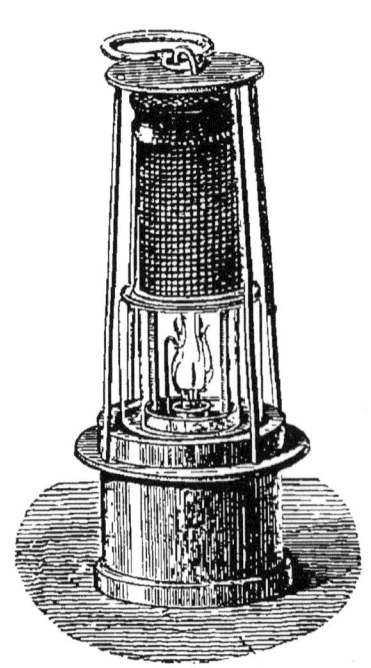

vant projeter la flamme au dehors et provoquer l'explosion. Les ingénieurs qui doivent visiter les parties de la mine les plus infestées de grisou sont, pour plus de sécurité, pourvus de lampes à *double enveloppe*. On a imaginé, pour remplacer la lampe de sûreté, des appareils électriques portatifs, fournissant sans danger aucun, une lumière suffisante ; mais ces instruments, coûteux d'ailleurs, compliqués et délicats, ne se sont pas répandus jusqu'ici dans les mines.

Lampe de sûreté perfectionnée.

Avec les lampes de sûreté le mélange du gaz avec l'air n'étant plus un inconvénient, au contraire, on revient nécessairement — et ce n'est pas le moindre bienfait de l'invention — au moyen rationnel qui consiste à balayer et expulser le gaz par un puissant aérage. Le courant d'air, continu et rapide, devrait toujours être obtenu à l'aide d'appareils mécaniques, à l'exclusion de tous les *foyers*. — Il est bien évident, en effet, que tout feu, et notamment l'explosion d'un coup de mine, peut, aussi bien que la lampe, provoquer l'inflammation du gaz. Dans la houillère à grisou l'emploi des coups de mine est donc nécessairement soumis aux plus sévères restrictions. Si on en use, c'est pour le percement des galeries au rocher, loin des tailles ; on a dû prendre des dispositions pour que le point d'attaque soit balayé par un courant d'air rapide, venant du dehors, et n'ayant pas parcouru les quartiers infestés ; enfin au moment de bourrer sa mine et d'y mettre le feu, le coupeur de mur doit vérifier, par une inspection attentive de la flamme de sa lampe, la pureté satisfaisante de l'air jusqu'à une certaine distance autour de lui. Il n'est pas même démontré qu'en certains cas la simple étincelle qui jaillit au choc de l'acier contre la roche dure ne puisse suffire à mettre le feu au grisou. En présence de ces chances diverses, on comprend comment il se fait que, malgré les mesures prises, les règlements sévères, de temps à autre encore de terribles explosions, avec toutes leurs sinistres conséquences, viennent attrister les annales du travail. Quelques-unes certainement sont dues à des coïncidences que nulle prudence humaine ne pouvait prévoir ni détourner.

Incendie des houillères. — L'incendie est peu à craindre dans les mines métallifères où les seules substances combustibles sont les boisages. L'eau ne manque pas d'ailleurs, ni la curaille, pour étouffer un commencement d'embrasement. Les houillères seules ont encore le triste privilége de ce supplément de danger : nul accident n'y est plus commun. Sans compter le grisou lui-même, des causes diverses — une lampe mal surveillée, par exemple, — peuvent déterminer l'inflammation du charbon. Mais bien plus souvent c'est la houille qui s'allume d'elle-même. Certaines houilles surtout contiennent en abondance des *pyrites*, dangereux composés *sulfurés* (contenant du soufre) qui, arrivant au contact de l'air quand la houille est abattue, fermentent pour ainsi dire, s'échauffent par une sorte de combustion lente ; s'échauffent jusqu'à mettre le feu à la houille. La houille elle-même est fortement soupçonnée d'être complice de l'incendiaire. — Les incendies spontanés sont des accidents très-communs, non-seulement dans les mines, mais dans les chantiers de charbon, jusque dans les flancs des bâtiments qui transportent ce combustible. D'après ce que nous venons de dire, ce n'est donc pas dans la masse compacte inattaquée, mais bien dans les tas de houille abattue, surtout dans les tas de *menus* abandonnés, que le feu se déclare le plus souvent. La première des précautions à prendre contre de tels accidents est donc d'enlever le charbon rapidement, à mesure de l'abattage, sans en laisser séjourner au pied des tailles.

Avec les procédés modernes les inflammations sont encore fréquentes; mais elles ont rarement des suites graves. Dans les premiers temps de l'exploitation de la houille, on usait d'une méthode inintelligente d'abattage, dite *foudroyage,* qui consistait à provoquer des éboulements en masse et sans précaution. De la sorte, si la houille était susceptible d'inflammation spontanée, les incendies étaient inévitables ; et tôt ou tard, les travaux finissaient par là. L'embrasement prenait rapidement des proportions immenses ; les efforts qu'on tentait pour l'éteindre ou le circonscrire, étaient vains, toute la masse brûlait ; la fumée et les flammes s'élevaient par le puits. Il fallait abandonner une partie de la mine, et quelquefois la mine toute entière. On bouchait hermétiquement les galeries, les puits même ; il fallait attendre que l'incendie s'étouffât. Cela durait 15 ans, 20 ans... D'autres fois on détournait une rivière pour l'amener dans la mine, noyer les travaux. Enfin, dans beaucoup de cas le feu n'a pu être éteint ; il brûle encore. Au-dessus du foyer souterrain la terre est calcinée, des vapeurs chaudes s'en élèvent ; on sent le sol brûlant sous ses pieds. Il y a dans presque tous les grands bassins houillers de ces incendies souterrains, plus ou moins circonscrits, véritables volcans artificiels. — Quand on a pu rentrer dans les travaux dévastés par le feu, on a trouvé les roches calcinées ou demi-fondues, la houille convertie en *coke.* Lorsque l'incendie ne prend pas ces graves

proportions, le mineur s'en inquiète médiocrement.
Si on n'a pu l'étouffer dès l'origine, on fait tranquillement la part du feu en isolant le foyer de l'incendie
des autres parties de la mine. On bouche les galeries;
on obstrue tout passage à l'air en élevant d'épais murs
de pierre cimentés d'argile, appelés *corrois*. Puis on
laisse le feu brûler et s'éteindre comme il veut. Parfois les mineurs travaillent tout près de ces foyers
concentrés dont la chaleur se fait sentir fortement à
travers la roche. La pierre est chaude au toucher,
l'air étouffant; les mineurs sont contraints de travailler tout nus. — La construction des *corrois* pour
murer la partie incendiée est un travail rude et périlleux. Le mineur doit braver l'excessive chaleur, le
rayonnement intense de l'embrasement; il a surtout
à craindre les torrents de gaz brûlants, irrespirables,
l'étouffante fumée. En de pareilles circonstances,
toutes les précautions sont prises, les moyens de
secours accumulés; les ouvriers qui travaillent le
plus près de l'embrasement sont de temps en temps
arrosés : on voit la vapeur s'élever de leurs vêtements mouillés. Pour éviter ces dangers et ces fati-
gues, l'ingénieur prudent des mines modernes fait
construire à l'avance des *corrois* pour isoler certaines parties des travaux où son expérience lui fait
craindre que l'incendie ne se déclare. Ces sortes d'accidents, moins subits que les explosions de grisou,
entraînent rarement mort d'homme; l'incendie ne se
propage pas instantanément, et l'on a le temps de
fuir s'il devient impossible de s'en rendre maître. Le
danger le plus sérieux est celui d'asphyxie, à cause
des gaz irrespirables produits par la combustion.

Inondations. — Le feu n'est pas le seul ennemi du
mineur; l'eau, parfois, ne lui est pas moins redoutable. La lutte contre les envahissements des eaux,
au moyen des pompes, des machines d'épuisement,
est de tous les instants : c'est la condition naturelle
de la vie des mines. Les éruptions soudaines et violentes seules apportent des dangers, et exigent de

puissants moyens de secours. Parfois il est arrivé que les eaux de la surface ou des réservoirs souterrains inconnus ont fait tout à coup irruption dans les mines ; on a vu des torrents se déverser par la bouche des puits, des rivières débordées descendre par les *fendues,* ou par quelque fissure naturelle du sol. — L'eau envahit les galeries ; à travers le noir dédale des voies tortueuses, par les descenderies, le courant se précipite vers les travaux inférieurs qu'il submerge d'abord ; puis le niveau monte, monte, l'inondation s'étend, envahit étage par étage. C'est alors surtout qu'il apparaît combien il est important pour une mine d'avoir plusieurs voies communiquant avec les dehors ! — Les mineurs, effrayés par le grondement des eaux déchaînées, s'enfuient, et dans le désordre de la surprise, il en est parfois qui, s'égarant, s'engagent dans des voies sans issue ; l'inondation qui les poursuit leur coupe la retraite. Ou bien les eaux montantes les atteignent et les noient ; ou bien elles les enferment dans l'impasse, et alors ce sont les lentes tortures du désespoir et de la faim. L'air se raréfie et se corrompt ; les lampes s'éteignent ; des ténèbres, épaisses comme les ténèbres du tombeau, les ensevelissent. Viendra-t-on au secours ! Ce bruit, est-ce le craquement des boisages, ou les coups précipités du pic des mineurs, amis dévoués qui, à travers mille dangers, creusent une contre-mine, un boyau souterrain pour venir les délivrer? On fait des prodiges d'activité et de courage ; mais les travaux sont toujours lents, trop lents ! Plus d'une fois on fait fausse route. La galerie de secours s'avance, débouche... sera-t-il temps encore ? — Il y a de ces histoires lugubres de mineurs assiégés par les eaux, noyés, asphyxiés, morts de faim ; ou retirés mourants, hagards, semblables à des spectres. Quelques-uns sont cités pour avoir passé 10, 12 jours ensevelis : ils avaient mangé leurs chandelles, le cuir des courroies, rongé les boisages !

Travaux abandonnés. — Le plus grand péril d'irruption soudaine des eaux provient de l'existence d'anciens travaux. Rien n'est plus dangereux pour une mine que le voisinage de ces excavations, abandonnées parfois depuis un temps immémorial, dont on ne connaît ni la forme ni l'étendue, et qui ne sont pas figurées sur les plans. Délaissées, elles se sont graduellement remplies d'eau : c'est un lac souterrain. Qu'une galerie d'allongement, percée dans cette direction, vienne à les rencontrer, un coup de pic, un coup de mine faisant sauter la dernière barrière ouvre une communication soudaine ; les eaux, accumulées sous une pression énorme, se précipitent dans les travaux avec une violence inouïe, agrandissant l'ouverture, renversant toutes les digues. Inutile de tenter d'enchaîner le torrent ; il n'y a qu'une chose à faire : prendre la fuite. Une telle catastrophe se produisit un jour dans une des houillères de Liége (La Plonterie) ; la mine fut entièrement noyée : les anciens travaux communiquaient par des fissures avec le lit de la Meuse. L'épuisement des eaux coûta des efforts inouïs ; 4 machines, représentant une force totale de 400 chevaux, y furent employées. Ce n'est qu'au bout de *sept ans* qu'on put reprendre les travaux, après avoir coupé, à l'aide de *serrements* d'une résistance à toute épreuve les communications entre la mine et les puits et galeries par lesquels arrivait le torrent.

Les dangers d'inondation ne sont pas les seuls qui résultent de l'existence d'anciens travaux. Les cavités abandonnées qui ne sont pas envahies par les eaux se remplissent de gaz pernicieux. Là s'accumulent à loisir le mortel acide carbonique, et dans les houillères, le grisou. Qu'une ouverture vienne à mettre ces excavations en communication avec la mine, c'est, au lieu d'une cataracte liquide, un torrent invisible qui se précipite dans les galeries, — une véritable inondation gazeuse, dont il peut résulter l'asphyxie des travailleurs, ou d'effroyables, d'immenses explosions. — Parfois il a fallu sonder ces profondeurs

oubliées, dont les plans n'existent plus. Mais là même
où ni les eaux ni les effluves mortelles n'en interdi-
sent l'accès, rien n'est plus périlleux qu'une telle
visite. Les boisages consumés par le temps ont cédé
de toutes parts; on marche sur des décombres. On
avance la lampe à la main, l'œil sur la lampe ; —
avec précaution, en silence ; un choc, un simple bruit
peut provoquer des éboulements. Nulle impression
plus lugubre que le sentiment de vide et d'abandon
qui pèse sur l'âme dans ces souterrains où il y a des
échos étranges, par les longues fendues tortueuses et
rapides, par le labyrinthe des galeries, ou quand le
regard remonte le long des puits à demi écroulés :
lieux rendus à la nuit, et que n'animent plus les
bruits du travail humain. La noire engeance des rats
pullule; et de grands vols de chauves-souris, qui trouvent dans ces ténèbres tièdes un refuge propice, tour-
billonnent effarés, heurtant des ailes aux boisages.
— D'autres fois enfin, chose sinistre, ces cavités in-
connues sont des abîmes abandonnés aux feux souterrains inextinguibles, dont les puits sont devenus des
cheminées... Tenter de rentrer dans leurs galeries
murées pour jamais, ce serait vouloir pénétrer dans
les entrailles embrasées d'un volcan.

Éboulements. — Les accidents les plus fréquents
dans les mines sont les éboulements. Parfois, dans les
tailles ou les galeries, le toit mal soutenu s'effondre,
ou des blocs de pierre se détachent de la voûte, ou la
paroi ébranlée d'un front d'attaque s'écroule subitement. Beaucoup d'ouvriers ont péri écrasés, ensevelis
sous les décombres ; beaucoup ont été retirés griève-
ment blessés. Ces accidents font cependant moins de
victimes qu'on ne serait tenté de le croire : il est assez
rare qu'un écroulement considérable se produise sans
que les craquements des roches qui se fissurent, des
étais qui fatiguent avant de rompre, n'aient averti
les travailleurs. On peut en dire autant d'un éboulement *local*, lorsque, dans une galerie, les boisages
ont cédé à la pression : si la chute n'écrase personne

au passage, l'accident est de peu de conséquence. La voie est obstruée sur une longueur plus ou moins grande, on la déblaie ; ou, tout au pis, on en ouvre une autre à côté. Si la galerie n'a pas de débouché et que des travailleurs se trouvent pour ainsi dire emmurés par l'éboulement, on ira à leur délivrance en perçant, au plus court, un tronçon de galerie, et ils en auront été quittes pour une captivité de quelques heures ou d'une couple de journées.

Mais quand l'éboulement se produit dans le puits, les suites sont beaucoup plus graves. Les pierres du revêtement de maçonnerie, les débris des boisages sont précipités au fond du puits d'une hauteur effrayante, rebondissent aux parois, brisant les machines, écrasant les ouvriers qui se trouveraient descendant ou remontant. Si l'accident prend des proportions plus étendues, les débris accumulés formant voûte en quelque endroit où ils s'arrêtent, obstruent le puits parfois sur une grande hauteur, en comblent le fond, murent l'issue des galeries inférieures. Or ces vastes écroulements auront très-rarement lieu sous le seul poids des terres et des roches ; s'ils se produisent, c'est par la pression des eaux ; circonstance malheureuse, car alors les dangers de l'inondation se joignent aux désastres de l'écroulement. Dans ces terrains mouvants et submergés où nous avons vu creuser les puits avec tant de difficultés, si le cuvelage, qui ne résiste à l'effort que par l'appui mutuel de toutes ses parties, vient à manquer sur un point, il s'écroule pièce à pièce sur de vastes étendues. Les sables délayés, les argiles coulantes s'effondrent avec les débris du cuvelage et des machines. On a vu parfois un puits se combler presque entièrement par des écroulements successifs, ne laissant plus qu'une cavité défoncée en forme d'entonnoir, comme un cratère. On frémit de penser ce que deviendront les nombreux ouvriers occupés dans la mine, si les travaux n'ont pas d'autre issue. — Une telle catastrophe se produisit un jour (1860) dans une houillère du Pas-de-Calais ; la mine n'avait qu'un seul puits ; heureusement, les mineurs eurent le temps de remonter avant que tout passage fût fermé. Mais en Angleterre, quelques années auparavant, un écroulement avait enseveli vivants plus de deux cents ouvriers. Pas un n'échappa. En pareil cas les travaux de secours très-difficiles, très-dangereux eux-mêmes, avancent lentement, contrariés par mille accidents. Presque toujours on arrivera trop tard. Que faire ? creuser un nouveau puits dans les terrains mouvants ? déblayer l'ancien ? Si au contraire le terrain est solide dans certaines parties et l'éboulement restreint à une certaine hauteur, on peut creuser un bout de galerie au-dessus, un petit puits latéral revenant retrouver le grand au-dessous de l'espace obstrué. — Des travaux qui eussent coûté un mois en toute autre circonstance, dans ces moments d'activité fiévreuse et de dévouement téméraire, ont été accomplis en trois ou quatre jours ; et des mineurs dont la position semblait désespérée ont pu être retirés vivants.

C. D.

Paris, 15 juillet 1877.

Conlommiers. — Typogr. Albert PONSOT et P. BRODARD.

www.ingramcontent.com/pod-product-compliance
Lightning Source LLC
Chambersburg PA
CBHW060539210326
41519CB00014B/3278